一生中爱提的99个问题

本书编写组◎编

YISHENGZHONG
AITI DE
99 GE WENTI

世界图书出版公司
广州·北京·上海·西安

图书在版编目（CIP）数据

一生中爱提的99个问题 /《一生中爱提的99个问题
》编写组编．—广州：世界图书出版广东有限公司，2010.11（2024.2重印）
ISBN 978-7-5100-3010-9

Ⅰ．①一… Ⅱ．①一… Ⅲ．①成功心理学-青少年读
物 Ⅳ．①B848.4-49

中国版本图书馆CIP数据核字（2010）第217552号

书　　名	一生中爱提的99个问题 YISHENG ZHONG AITI DE 99 GE WENTI
编　　者	《一生中爱提的99个问题》编写组
责任编辑	王　红
装帧设计	三棵树设计工作组
出版发行	世界图书出版有限公司　世界图书出版广东有限公司
地　　址	广州市海珠区新港西路大江冲25号
邮　　编	510300
电　　话	020-84452179
网　　址	http://www.gdst.com.cn
邮　　箱	wpc_gdst@163.com
经　　销	新华书店
印　　刷	唐山富达印务有限公司
开　　本	787mm×1092mm　1/16
印　　张	10
字　　数	120千字
版　　次	2010年11月第1版　2024年2月第11次印刷
国际书号	ISBN　978-7-5100-3010-9
定　　价	48.00元

前　言

由于人类文明的推进，人类科学和自然科学有机的结合、综合的发展，导致人们，特别是青少年朋友，对知识的需求量渐渐变大，他们的脑子里会经常浮现出一些疑问，“为什么”、“怎么办”。加之有识之士大声呼吁，要求纠正重理轻文偏向，调整青少年知识结构，以培养全面发展的人才，为培养祖国强大的后续力量奠定基础。

于是，《一生中爱提的 99 个问题》就这样应运而生了，怎样才能把知识尽量全面化，又活泼有趣、不落窠臼，青少年读后能够了解一些知识，是我们努力的方向和宗旨。本书从青少年阅读水平和阅读兴趣出发，通过一个个具体生动的问题，向读者朋友们传播广博的知识海洋中启迪心智、引发思考的问题。旨在从整体上提高读者的文化水平，改善读者的文化素质，以期在增进读者的智能思维、应变能力和修养气质方面起到积极作用。

目 录

Contents

华夏历史

“炎黄子孙”是如何来的？

在陕西省北部的黄陵县桥山，坐落着一座驰名中外的巨大陵墓。传说，中华民族的始祖——轩辕黄帝就埋葬在这里。

传说黄帝原姓公孙，号轩辕氏，因最早住在姬水（今陕西北部）附近，又以姬为姓。大约5000年前，黄帝部落逐渐向东迁徙，沿洛水南下，渡过黄河，然后顺着汾水向东北方向发展，最后定居在涿鹿（今河北涿鹿、怀来一带）。

轩辕黄帝

黄土高原土质疏松，宜于农业生产。黄帝组织人们“时播百谷草木”，发展种植经济，使生产水平大为提高，黄帝也因此受到人们的拥戴。“以土德称王”，土为黄色，因而被称为黄帝。

传说黄帝还是最早发明中医中药的人，人类第一部中医中药著作《祝由科》就是黄帝写的。后世的人在这部医药著作基础上，编写了《黄帝内经》。直到现在，《黄帝内经》还对中医临床实践具有指导作用。

黄帝有个史官叫仓颉，黄帝请他造字。仓颉就根据各种动物的形状和风雨雷电等自然现象，创造了许许多多的字。据说这就是中国最早的象形文字。

位于涿鹿的中华三祖堂

黄帝时代还发明了养蚕织帛、做五色衣裳和造船等。

传说，和黄帝部落同一时期的还有炎帝部落。炎帝姓姜，号神农氏。炎帝部落最早住在姜水（今陕西北部）附近，之后他们沿着渭水、黄河东徙，到达今天的山东地区。

当时，山东一带还居住着一支称为九黎族的夷人部落，首领叫蚩尤。传说蚩尤十分强悍，他有 81 个兄弟，个个都是兽身人语，铜头铁臂。他们还能制造刀戟弓弩等兵器。炎帝部落到达山东时，遭到蚩尤的进攻，炎帝被打得一败涂地，被迫退到涿鹿，请求黄帝帮助。于是，炎帝部落与黄帝部落组成部落联盟，在涿鹿与蚩尤部落展开了一场大决战。

炎　帝

据《史记》记载，涿鹿之战进行得十分激烈，双方都请来了诸神助战。战斗一开始，黄帝任用应龙为主将，猛攻蚩尤部落。蚩尤则请来风伯雨师，以狂风暴雨来反扑。黄帝见雷电交加，兵士无法追赶，又急忙请来女神旱魃（bá）

帮助，驱散了风雨。蚩尤一看势头不妙，又兴起遮天罩地的大雾，使炎黄联盟的兵士都迷失了方向。黄帝又赶紧命令大将风后制造指南车引路，趁蚩尤不备，发起突然袭击，打败了九黎族部落，杀死了蚩尤。

打败蚩尤之后，黄帝受到许多部落的拥护，但是，炎帝见了不高兴，要与黄帝争盟主。结果，炎帝部落和黄帝部落之间也发生冲突，双方在阪泉（今河北涿鹿东南）打了一仗，炎帝失败。从此，黄帝成为中原地区各部落联盟的首领。

传说中的黄帝部落与炎帝部落都发源于黄土高原，有着近亲血缘关系而且又结为联盟。以后的尧、舜、禹及夏、商、周三代祖先，也都与黄帝有着密不可分的联系。这些，再加上古代史书上对黄帝十分推崇，所以后代的人们，都一致认同黄帝是华夏族的始祖，自己是炎黄的后代。一直至今，无论是住在大陆、台湾的中国人，或是侨居海外的华裔，都称自己是“炎黄子孙”。

越王勾践是如何复国的？

鲁哀公四年（公元前491年）的一天，越国国君勾践坐在用柴草铺成的地铺上。他的目光久久地凝视着悬在房梁上的苦胆，说不尽的耻辱、悔恨缠绕在心头，那一幕幕难以回首的往事映入眼帘。

那还是3年以前，勾践拒不听从谋臣范蠡等人的劝告，贸然率军与宿敌吴国打仗。结果，强大的吴国打败了越国，勾践带着仅剩下的5000残兵退守都城会稽（今浙江绍兴），吴王夫差乘胜穷追，把会稽围得水泄不通，并断粮断草，打算彻底消灭越国。

面对强敌，勾践束手无策，欲守无望，欲攻无能，眼看越国败局已定，勾践只得派大臣文种前去求和。盛气凌人的吴王夫差对使臣说：“讲和可以，但勾践必须当我的臣下，跟我上吴国去，伺候我。”说罢，他仰头大笑起来。可怜的勾践无可奈何，只得委曲求全，答应了这“称臣为奴”的屈辱条件。他带着夫人和范蠡跟夫差到了吴国，越国从此变成了吴国的属国。

勾践到吴国后，就住在石头小屋里，给夫差养马，范蠡也做了他的奴仆。夫差每次坐车出去，勾践总给他拉马，吴国人看见了都说："瞧！这马夫是勾践。"勾践只当没听见，任人取笑。

勾践卧薪尝胆

一晃3年过去了，勾践尝够了做奴仆的艰难，受尽了耻辱，但他为了将来报仇雪耻，仍旧十分小心地伺候吴王，养马、牵车，叫干啥就干啥，真是百依百顺。一次，吴王夫差生病，卧床不起，勾践主动前来服侍，甚至连夫差拉的屎，他都要掀开马桶看看、闻闻。夫差见他如此殷勤、孝顺，以为他早已无心复国，于是，就在公元前491年把他放回越国去了。

勾践回国后，立志发愤图强，报仇复国。他唯恐自己贪图安逸，消磨了报仇雪耻的志气，就给自己安排了一个简朴的生活环境。他撤掉舒适的床铺，换上用柴草铺成的地铺，枕戈而卧，他还在室内挂上一只苦胆，每天出入坐卧都要看看它，吃饭时还要舔一口苦胆，时时刻刻提醒自己不能忘了3年马夫生活的耻辱，不能淡化发愤图强的意志。越王勾践的这段生活，就是后人常讲的"卧薪尝胆"的故事。

怀着强烈的报仇欲望，勾践在越国采取了一系列治国、安民、强兵的措施。凡有才能的人，他都委以重任，派文种管理国家政务，让范蠡管理国家军事。他大力发展生产，积聚粮草，奖励生育，减轻刑罚，薄收赋税，重振军队，加强兵力，经过"十年生聚、十年教训"的艰苦奋斗，越国终于粮足兵壮，国力强大起来。

与此同时，吴王夫差却穷兵黩武，一心要争夺霸主。公元前482年，吴王率大军北上攻打齐国，勾践见吴国国内空虚，乘机率军伐吴，一举攻克吴都城姑苏（今江苏苏州），杀死吴国太子。夫差听到消息后，急忙带兵回国，并派人向勾践求和。勾践估计吴国还有一定实力，不可能马上灭掉它，就答应了夫差的请求。

又过了10年，即公元前473年，勾践带着范蠡、文种再次率军进攻吴国。这时吴国由于连年用兵，已经民穷财尽，军队实力也大大削弱了。在越国军队的强大进攻面前，吴军屡战屡败，纷纷投降，勾践率军直入姑苏城，夫差见大势已去，连声叹道："悔不该当初放了勾践！"说罢，他拔剑自刎了。

越王勾践灭了吴国之后，接着率军渡过淮河，北上徐州，会合齐、晋、宋、鲁等诸侯。由于越国灭掉了当时中原诸侯惧怕的吴国，越王勾践也就当然地坐上了霸主的位子。这样，在春秋时期的齐桓公、晋文公、宋襄公、秦穆公和楚庄王五霸之后，又兴起吴越两霸，其中之一便是越王勾践。

秦始皇是如何统一天下的？

公元前238年，秦国雍城蕲年宫内，正在举行隆重的加冕典礼。一位血气方刚的英武青年步入大殿，镇定自若地坐上王位，开始亲自执政。他就是年仅22岁的秦王嬴政，即名震千古的秦始皇。

嬴政生于秦昭王四十八年（公元前259年）。13岁那年，父亲秦庄襄王病死，他匆匆继承王位，称"秦王政"。当时，长信侯嫪毐、相国吕不韦等人借口秦王政年幼无知，乘机把持了朝中大权。9年以后，秦王政举行冠礼，亲自执掌朝政。嫪毐等人不满，发动叛乱。秦王政毫不留情地平定了叛乱，杀死嫪毐，放逐吕不韦，坐稳了王位。以后，秦王政"奋六世之余烈"，吹响了统一战争的号角。从公元前236～前221年的15年间，秦国的军队像秋风扫落叶一样，先后消灭韩、赵、魏、燕、楚、齐6个国家。战争在血与火中踏着尸体前进，无数英勇壮士的累累白骨抛撒荒郊。在进军的战鼓声和金戈铁马的厮杀声中，分裂割据了数百年的战国时代结束了。统一的中央集权的秦王朝由此诞生。

秦王统一六国的战争，首先是从离秦国最近，力量最弱的韩国拉开序幕的。

当时，韩国有位著名的思想家叫韩非，他著有《孤愤》、《五蠹》两篇文章。秦王政读后大为称赞，非要得到韩非不可。公元前234年，他为获此人不惜向韩国大动干戈。韩国在无力抵抗的情况下，不得不将韩非送给秦国，求秦国退兵。

秦王嬴政

公元前231年，秦国再次举兵伐韩，数十万秦军直压韩国边境。韩国为了苟且偷安，不得不剜肉医疮，割地求和，使本来就弱小的韩国变得更弱。第二年，秦国又派大将内史腾攻韩，势单力薄的韩国，根本无法抵御秦军的凶猛攻势，一战即溃，昏庸无能的韩国国君被秦军俘虏，秦国轻而易举地吞并了韩国。

六国之中，赵国是兵力最强的一个。公元前236年和公元前232年，秦军曾进攻过赵国，并先后攻占了赵国一些地方，消灭赵军10多万。可是，赵国的大将李牧足智多谋，又英勇善战，他两次率领赵军打败秦兵，使战局转危为安。

秦王一统天下的雄心已定，灭韩以后，便决意要拔掉赵国这个硬钉子。公元前229年，秦王趁赵国军队粮草不足之机，又派大将王翦、杨端率兵攻打赵国。久经沙场的赵将李牧率兵奋力抵抗，两军对垒，苦苦相持一年之久，虽经大小数百次厮杀，将士血染战袍，尸横原野，仍然难分胜负。

这时，秦国使出“离间其君臣”的计策，用重金贿赂赵国的权臣郭开，诱使赵王以赵葱取代李牧统率军队。李牧拒不从命，被奸臣暗算。李牧一死，赵军将士军心涣散。秦王见离间计成功，命令秦军全线反攻，仅仅几个月，大将王翦大破赵葱10万大军，并很快占领了赵都邯郸（今河北邯郸)，俘虏赵王，灭了赵国。

灭赵以后，秦军兵临易水，剑指燕国。燕国兵少将弱，岂是强秦的对手。眼看着燕国危在旦夕，君臣上下，惶惶不安。燕国太子丹为了挽救危局，忽生一计，决心刺杀秦王嬴政。

太子丹有个朋友叫荆轲，荆轲为人深沉豪爽，长于击剑，极有胆识。太子丹对荆轲尊崇备至，奉为上卿。当秦军压境之际，太子丹请荆轲去刺杀秦王，荆轲为报答太子丹平日厚待之恩，慨然允诺。为了取得秦王的信任，荆轲请求带上燕国督亢（今河北涿县一带）地图和秦国叛将樊於期的头颅，作为觐（jìn）见之礼。

荆轲离开燕国的那一天，太子丹身穿白色孝服，一直送到易水河边，俩人依依惜别。在凄凉悲壮的气氛中，太子丹满目垂泪。荆轲慷慨而歌："风萧萧兮易水寒，壮士一去兮不复还！"表达了义无反顾、以死报国的决心。

秦王闻讯燕国派使者来送地图和叛将头颅，十分高兴，下令让荆轲上朝。荆轲独自一人，拿着地图和头颅，从容自若地走上大殿。地图里早已卷藏好一把上了毒药的匕首。荆轲慢慢地打开地图，突然，荆轲一手猛地抽出匕首，一手抓住秦王的衣袖，直刺过去。秦王大惊，用力挣断了衣袖，绕着宫殿的大柱子奔逃，荆轲紧追不舍，情况万分危急。这时，秦王的御医急中生智，提起药囊砸向荆轲。秦王趁此机会拔出了宝剑，斩断荆轲左腿，左右大臣们纷纷上前，杀了荆轲。

荆轲刺杀秦王的失败，加速了燕国的灭亡。秦王愤怒之下，大举增兵攻伐燕国。公元前226年，秦军攻克燕国都蓟（今北京），燕国国君喜及太子丹逃往辽东。公元前222年，秦军攻入辽东，俘虏了燕王喜，燕国灭亡。

占领韩、赵两国后，与秦国毗邻的魏国陷入秦军的南北夹击之中。公元前225年，秦派大将王贲（bēn）伐魏，包围了魏国国都大梁。魏国地势低洼，易遭黄河水淹。秦军包围大梁后，王贲命令秦军掘开黄河大堤。汹涌的河水如雄狮猛兽，咆哮着扑向大梁。整个大梁城巨浪滔天，人为鱼鳖，无数生灵尽遭厄运。3个月后，大梁城毁坏，魏王请求投降。

灭魏之后，秦军立即挥师南下，欲灭楚国。但是，秦灭楚的战争却打得十分艰难。

过去，楚国曾多次被秦国打败，但由于楚国地广人众，实力仍然不弱。公元前226年，秦王商讨伐楚事宜。问王翦、李信等将军："攻取荆楚，需要多少兵马？"老将王翦答："非60万不可。"少将李信年轻气盛，说："灭楚有20万兵足矣。"秦王听了觉得王翦年老体弱，办事不免小心胆怯；李信壮勇过人，屡立战功，便下令由李信率20万大军南伐楚国。

公元前224年，李信率军长驱直入，孤军南下，与大将项燕率领的楚军激战。结果，被项燕打得大败，李信损兵折将，退回秦国。

李信战败后，秦王认识到自己用人失误，立即亲自到王翦家中，请王翦率兵攻楚。王翦推说有病在身，请秦王另择良将。秦王再三请求，王翦才说："一定要臣出兵，非60万兵马不可。"秦王一口答应了王翦的要求。

公元前223年，王翦的60万大军兵临楚境，楚国大将项燕也调集全部军队来抵抗。开始，王翦令秦军坚守营垒，拒不出战，楚军数次挑战均不理睬。待到秦军养精蓄锐、斗志高昂之际，王翦突然下令出击。而楚军此时放松警惕，猝不及防，被洪水般压过来的60万秦军冲得溃不成军，漫山遍野遍布楚军尸体，大将项燕也战死于乱军之中。秦军趁势一举攻下楚都寿春（今安徽寿县），俘虏了楚王负刍，灭掉楚国。

秦灭5国以后，只剩下东边一个齐国了。齐国眼看着其他5国遭到秦军攻伐，拒不出兵援助，只顾自保平安。齐国王建又是个昏庸无能的国君，对秦兵压境未作任何抵抗的准备。公元前221年，秦军进攻齐国，只几个回合，齐军便土崩瓦解，齐王也成了秦军的俘虏。

到此，秦国终于以武力统一了韩、赵、魏、燕、楚、齐6国，结束了几百年混战割据的局面。

以后，秦军进取岭南（今广西、广东），并在那里驻守戍边。

后来，唐代大诗人李白写道："秦王扫六合，虎视何雄哉！挥剑决浮云，诸侯尽西来……"，概括地描绘了秦始皇统一六国的赫赫武功。

公元前221年，中国历史上建立了第一个中央集权的封建专制王朝——秦朝，秦王嬴政把皇权神化，将"王"改称为"皇帝"，自称"始皇帝"。从此，"秦始皇"便取代"秦王"之名而威震天下。

司马迁的《史记》如何成书?

司马迁（约公元前145～前86年）是中国古代著名的历史学家和文学家。他以毕生精力完成的巨著《史记》，是中国历史学上一座巍峨的丰碑。

司马迁

司马迁所处的年代，是西汉武帝在位时期。他的父亲司马谈在朝廷里做太史令，这是一个掌管“文史星卜”的小官，并不受人重视。可是，这个小官吏偏偏有个远大的理想，就是要写一部像《春秋》那样完整的史书。可惜，司马谈只做了一些准备工作，未来得及动笔，就与世长辞了。临终之前，他把儿子司马迁召到病榻前，嘱咐他完成自己未完成的事业。司马迁向父亲立下誓言，一定要完成撰写国史的任务。

不久，子继父业，司马迁做了太史令。经过了3年的充分准备，司马迁便以高度的热情和创造性的劳动，开始了著述《史记》的工作。

俗话说，“天有不测风云，人有旦夕祸福”。司马迁撰写《史记》的第七个年头，即公元前98年，一场巨大的灾难降临到他的头上。那一年，西汉名将李广的孙子李陵战败，投降了匈奴。司马迁在汉武帝面前直率地说出了自己对这件事的看法，汉武帝认为他是为李陵辩护，盛怒之下，将他投进大牢。

司马迁在狱中受尽了折磨，但他还想着出狱后完成他的著作。谁知一年以后，不仅没有获释，反而加重了刑罚：对他施以宫刑。这是一种最为耻辱的刑罚。当时司马迁真想一死了之，但他想到自己未完成的著作，就咬紧牙关，活了下来。

后来，他遇赦出狱，汉武帝任命他为中书令。这个职务是负责将官吏的报告转达给皇帝，名义上比太史令高，但它是由宦官担任的。担任这样的官职本身就是一种耻辱。那些官吏们常常嘲笑他的长相和近似女人的说话声音。他强忍住这种肉体痛苦和精神打击，继续写他的史书。

一天，他来到自己的书房，望着窗外的古柏沉思，下意识地触摸自己的下颏。因为没有了心爱的胡须，他猛然又想起自己的奇耻大辱，顿时怒气冲天，头上过早出现的白发也都仿佛一根根竖了起来。他想："我是为了这部著作才忍辱活下来的，我一定要像窗外的古柏那样，不怕风吹雨打，坚持写完最后一个字！"

就这样，他整整写了 18 年，直到 60 岁那年，一部 52 万多字的辉煌巨著——《史记》终于完成了。如果从 20 岁搜集资料时算起，他一共用了 40 年的时光。

《史记》是中国第一部著名的纪传体通史，记载了上自黄帝，下到汉武帝时期的将近 3000 年的历史。全书分为 12 本纪、10 表、8 书、30 世家、70 列传，共 130 篇，526500 字。

"本纪"以叙述朝代或帝王为主，按年月记大事，是全书的总纲，如《夏本纪》、《秦始皇本纪》、《项羽本纪》等；"表"是把重要的历史大事或历史人物，按年代或时期用表格表示出来；"书"是专门记述典章制度兴废沿革的文章；"世家"专记诸侯世系活动；"列传"则主要是记载了帝王以外的各种历史人物。

《史记》不仅在体例方面有自己的独创，同时在史料的广泛收集，论断的精辟卓越，文笔的生动通俗等方面，均超越了前人。司马迁曾多次出游，登过长城，去过涿鹿（今河北涿鹿），足迹几乎踏遍半个中国。通过采访和实地调查，他收集了大量可靠的史料，为写《史记》打下了良好的基础。据说，司马迁在写《黄帝本纪》时，为了核实黄帝埋葬的地点，只身乘马，长途跋涉，来到翟道城（今陕西黄陵），访问当地老人，查看史料，抄写碑文，整整考察了 40 天。搜集了当地流传的有关黄帝的很多传闻逸事。回长安后，他首先写出了《史记》中的第一篇《黄帝本纪》，第一次肯定了先人提出的“黄帝崩，葬桥山”的历史推论。

《史记》不仅是一部史学名著，同时也是一部文学名著。它的许多篇章，脍炙人口，是古代传记文学的典范。其中许多至理名言，震古烁今，历代文人赞叹不已。中国现代文学巨匠鲁迅评价《史记》是“史家之绝唱，无韵之《离骚》”。

诸葛亮为何被称为“奇才”？

诸葛亮是一位妇孺皆知、家喻户晓的仁人智者。他远见卓识，具有敏锐的政治观察力；他运筹帷幄，具有决胜千里之外的非凡指挥才能；他还精通天文地理、风俗人情、奇技巧术；甚至在计算、炼丹、物器等方面，都颇有建树。在中国，人们向来把他比作“智慧的化身”。

那么，诸葛亮到底是怎样一个人？历史上的诸葛亮又有哪些业绩呢？

诸葛亮生于东汉光和四年（公元181年），字孔明，琅琊阳都（今山东沂南）人。早年因家族离散，跟随叔父到了荆州襄阳（今湖北襄樊），后来便隐居在襄阳西边约20里的隆中。在这里，诸葛亮博览群书，“自比管仲、乐毅”，并常与朋友徐庶等人一起纵谈今古，评论时事，以博学多才，闻名于世。

当时天下大乱，群雄并起，自称是汉朝皇室后代的刘备颇有雄心，欲恢复刘氏天下，但一再受挫，始终未能获得一块立足之地。于是，刘备四下打探，“礼贤下士，折节求才”。一次，他问襄阳名士司马徽：“当今天下大势如何？”司马徽告诉他：“要论天下大势，不妨去拜访‘隆中卧龙’。”刘备忙问：“卧龙是谁？”司马徽答道：“卧龙名叫诸葛亮，隐居隆中。”刘备听后急忙赶往隆中求贤。

第一次，诸葛亮避而不见。刘备败兴而归。第二次，诸葛亮佯装有病，仍然不见，刘备百般无奈，又扫兴回去。第三次，刘备顶风冒雪，再来拜访。诸葛亮看到刘备确实诚意相请，便在自己的茅屋里接待了刘备。这就是历史上有名的“三顾茅庐”的故事。

在茅屋里，诸葛亮根据自己多年的观察和判断，对天下大势作了分析。他说："曹操打败袁绍以后，已统一北方，并拥有百万大军，'挟天子以令诸侯'，实力很强；孙权占据江东已经几代，而且民心归顺，能人又多。这些地方现在都不可争夺，唯有荆州、益州（今西南地区）地势广阔，沃野千里，可以立足。"接着，诸葛亮又对刘备说："先夺取荆州、益州，立稳脚跟，而后联合孙权抗衡曹操。一旦天下有变，即可乘机灭掉曹操和孙权，完成霸业，一统天下。"

诸葛亮像

刘备听了诸葛亮这番议论后，茅塞顿开，欣然接受诸葛亮的计谋，并请诸葛亮辅佐自己完成大业。这就是人们常说的"隆中对"的故事。

刘备在诸葛亮的辅佐下，于公元208年联合孙权，在赤壁大败曹操，而后在荆州站稳了脚跟。公元221年，刘备自封汉昭烈帝，建立蜀国。诸葛亮任蜀国丞相。两年以后，刘备病死白帝城（今四川奉节），临死之前，他把蜀国大权托付给诸葛亮。

诸葛亮辅政后，为了扫除西南少数民族的叛乱，免除蜀国后顾之忧，从公元225年起，他亲领蜀军南征。诸葛亮采纳部将马谡（sù）的建议，"攻心为上，攻城为下"，7次活捉南中（今四川南部和云南、贵州）地区少数民族首领孟获，又7次放走孟获，最终使孟获心服口服，归顺蜀国。

诸葛亮精通兵法。在与对手交战中，他能准确地分析判断敌我双方的优劣，利用敌手的弱点，出其不意，攻击不备，战胜敌手。古典小说《三国演义》里有这么个故事：

诸葛亮驻营阳平城（今陕西汉中）时，派大将魏延率领主力东进伐魏，魏国大将司马懿率20万魏军西进抗击。两军对行走岔了道，谁也没有碰上谁。司马懿军队突然进抵阳平城下，诸葛亮欲守少兵，想搬救兵也来不及了。眼看着阳平就要被魏军攻克，城内军民惊慌不已，准备逃命。诸葛亮泰然自若，他命令士兵全部偃旗息鼓，打开城门，派几个百姓在城门口扫地洒水，自己轻松地坐在城门楼上弹筝。多心好疑的司马懿来到城外，只见诸葛亮脸色坦然，毫无惊慌之态，弦音流畅毫不乱章法，越看越像是诸葛亮早有预谋，越听越以为蜀军在城中设了埋伏。于是，司马懿赶忙下令退兵。第二天，魏军密探打听到城中的少量蜀军已经连夜撤走，司马懿这才知上了诸葛亮的当，后悔不及。这就是脍炙人口的“空城计”故事的由来。

当然，“空城计”故事是否实有其事，今天已无法考证，但《三国演义》描写这个故事，却反映了人们对诸葛亮大智大勇的钦佩。

诸葛亮还会摆弄“奇技巧术”。据说。经他改进的连弩，一次能发10支箭，大大提高了连弩的威力。他发明的“木牛流马”，在当时是山地运输极好的工具。他观气象、看风水，什么时候要下雨，什么时候刮什么风，也能“猜”出八九不离十。蜀汉建兴十二年（公元234年），诸葛亮最后一次北伐魏国，终因积劳成疾，病逝于军中。司马懿听说诸葛亮死了，急忙率兵追杀过来。势单力薄又失去军师的蜀军，按照诸葛亮临终前的安排，在五丈原（今陕西眉县西南）附近突然杀个回马枪。司马懿以为诸葛亮还活着，急忙下令撤退，生怕又中了诸葛亮的计。结果，蜀军护送诸葛亮遗体安然撤走，司马懿又上了诸葛亮的当。后来，人们编了个顺口溜嘲笑司马懿说“死诸葛吓走了活仲达”（仲达是司马懿的字）。

诸葛亮一生“鞠躬尽瘁，死而后已”。他的智慧和品格一直为人们所赞颂，连诸葛亮的敌手司马懿也称赞他是“天下奇才”。

唐太宗是如何做明君的?

贞观元年（公元627年），唐太宗李世民登基当了皇帝。他第一次召集群臣开会，想听听大臣们对治理国家的意见。

在封建社会，皇帝是至高无上的，新皇帝一上台都要显示自己的威严，给臣子们一个下马威，否则以后就难以镇住他们，唐太宗也不例外。他正襟危坐，威容严峻。下面的大臣们畏畏缩缩地站在两边，偷偷看着他，个个吓得不知所措，大气都不敢出，谁还敢上书奏事呢？结果，整个大殿鸦雀无声，唐太宗百思不得其解，只得宣布散朝。第一次御前会议，就这样不欢而散。

唐太宗

事后，唐太宗了解到事情的缘由，很内疚。第二次开会时，他放下架子，改变态度，和颜悦色地对大臣们说："人要想看清自己的脸，就应当把镜子擦干净。君主要想知道自己的过失，就必须相信和依靠忠臣。你们如果看到朕有什么做得不对的地方，要直接讲出来。即使有些话不合朕的意，朕也不会怪罪你们。"唐太宗一席肺腑之言，打动了左右大臣，他们不再畏畏缩缩，胆战心惊了，而是你一言我一语地纷纷上奏言事。

唐太宗于隋开皇十九年（公元599年），出生在大贵族家庭，父亲李渊是唐朝开国皇帝。唐太宗18岁当统帅，南征北战，立过赫赫战功，26岁做皇帝，但他从不自视"超人"。他说："作为一个国君，一言不当就会招致万众灾祸。朕在朝廷上说一句话，总是思考再三，怕说错了害民，因此不敢多说话。"他常常自我反省，唯恐上不合天意，下不符民心。他把"纳谏"看作关系国家兴亡的大事，虚心听取臣僚们的意见。

贞观四年（公元630年），唐太宗想修建洛阳乾元殿，并下达了征召劳役的命令。这时，给事中张玄素上书反对：“目前大乱之后，生产凋敝，百姓生活困苦，在这个时候修造乾元殿，恐怕连隋炀帝都不如。”唐太宗愕然地问：“你说朕不如隋炀帝，那和夏桀、商纣比较如何？”张玄素说：“假如动工修这个殿，那天下可要大乱了！”唐太宗听到这个“乱”字，不禁惊出了一身冷汗。他对大臣们说：“当初朕考虑欠妥，玄素讲的话确有道理，所有工程一律停止，以后到洛阳就是露宿也未尝不可。”

过了4年，国家经济有所好转，唐太宗又想修建乾元殿。中牟（今河南中牟）县丞皇甫德参上书批评说：“修建洛阳宫殿劳民伤财，太奢侈无度了。”唐太宗很恼火，要以“诽谤罪”治他。大臣魏征立即进谏：“自古以来，上书君主的奏章大多言词激烈，如果不激烈一些，怎么能引起君主的注意呢？君主若连激烈些的言词都不能理解，怎么能听到下面的意见？‘善于纳谏’又何从谈起呢？”唐太宗终于接受了臣子的进谏，暂停修殿。

唐太宗虚心纳谏，收到了兼听则明的效果，使他少犯了不少错误。而臣僚们也都把皇帝当做自己的知己，忠心耿耿，尽心尽职地为他服务。

唐太宗开明治国，还在于他十分注意任人唯贤，唯才是举。他曾说：“为政之要，惟在得人，用非其才，必难治政。今所任用，必须以德行、学识为本。”他选拔人才，不唯亲，只唯贤，甚至不避仇怨，甚为人们传诵。

贞观元年（公元627年），唐太宗公布了一份“功臣”名单，其中有不少是他原来的对手，而那些皇亲国戚却有不少在名单之外。他的堂叔父十分恼火，当面质问唐太宗：“当初你太原起兵，我第一个响应，为什么我不是功臣，而那些没有跟你起兵的房玄龄等人，反倒在名单上呢？”唐太宗答道：“你响应起兵是形势所逼，后来你不也曾望风逃跑过吗？当然，你是朕叔父，私恩朕是要报的，但决不能因此而加官晋爵。”唐太宗一顿训斥，使那些原打算从中捞个一官半职的亲戚们，不得不收敛了手脚。

魏征原来是唐太宗的死敌李建成手下的谋臣。唐太宗除掉李建成后，把魏征召来骂道：“你为什么要帮李建成杀我？”魏征说：“李建成若早听我的话，必无今日的下场！”唐太宗听了，觉得魏征大义刚强，敢于直言，当即决定免去死罪，委以重任。此后，魏征果然成了唐太宗的得力助手。

像魏征这样的“罪魁祸首”，唐太宗都如此重用，其他人自然更不在话下了。

“人君好比舟，民众好比水，水可载舟，也可以覆舟。”这是唐太宗常常说的一句名言，也是他从隋朝覆灭的史实中总结出来的道理。所以，唐太宗在位时期，积极实行轻徭薄赋、爱惜民力、保护生产的国策，给民众创造一个休养生息的良好环境。贞观初年，唐太宗就下令：凡欠官府的财物一律免除。当时，有些官僚主张征发劳役造宫殿，唐太宗坚决不同意，说：“少兴徭役，老百姓就可以努力从事农耕，努力农耕就可以富裕，富裕就可以安乐。老百姓安乐了，君臣们也就可以长保富贵了。”

由于唐太宗的开明治政，使生产发展，人民安定，国力强大，唐朝开始走向繁荣昌盛之路。

中国历史上唯一的女皇帝是谁？

中国历史上的封建帝王约300余人，但女皇帝只有一个，这就是唐朝的武则天。

武则天，名曌（zhào），武德七年（公元624年）出生在并州天水（今山西文水）一个大木材商家庭。她9岁那年，父亲便死了，14岁时，被唐太宗召入宫中。

从外表上看，武则天谦恭有礼，但内心却刚烈异常。有一次，唐太宗指着一匹烈马问道：“谁能制服这匹马?”武则天“刷”地一下站出来说：“我能驯服!”太宗不解地问她有什么办法，她说：“我只要三件东西，一件是铁鞭，另一件是铁杖，第三件是匕首。它不驯服，就用铁鞭抽打，鞭而不驯，就用铁杖猛击它的头，再若不驯，就用匕首割断它的咽喉!”唐太宗见她气概胜过烈马，大为赞赏。

唐太宗死后，武则天被迫出家，削发做了尼姑。不满一年，刚继任帝位的唐高宗李治看中了她，把她接回宫中。

再度入宫的武则天不甘寂寞，她寻找机会，想登上皇后宝座。正巧，当时皇后和淑妃之间矛盾重重，相互争斗，愈演愈烈，高宗极不高兴。武则天瞅准机会，在高宗面前说三道四，挑拨离间。几句甜言蜜语便诱使高宗把淑妃废为平民，把皇后打入冷宫，并且准备立她为皇后。

武则天

消息一传开，立即引起轩然大波。手握兵权的太尉长孙无忌和宰相褚遂良极力反对，唐高宗也有些犹豫不决了。武则天对此早有准备，她双管齐下，软硬兼施，一方面自己亲自出马，在高宗面前诽谤长孙无忌和褚遂良；另一方面拉拢朝中一些大臣，上奏高宗册立她为皇后，终于促使高宗下了决心。32 岁那年，武则天当上了皇后。

皇后宝座刚刚坐上，武则天就使出她那果断泼辣的手段，把反对她的老臣们一个个降职、流放，就连长孙无忌和褚遂良也被她强加上“谋叛”罪名，被迫含愤自杀了。

武则天苦心经营，渐渐形成了自己的势力集团。她不止是参与朝政，甚至垂帘听政，做了国家大事的决策人。不久，那个昏庸无能的唐高宗得了重病，武则天干脆独揽朝务，把高宗也不放在眼里了。高宗十分气恼，与心腹宰相上官仪密谋，欲废掉武则天。但武则天先下手为强，杀掉了上官仪，高宗见状，赶紧把头缩了回去。

公元 683 年，唐高宗死了，武则天以太后名义临朝执政。这一来，又遭到唐宗室成员和大臣们的反对，有的还发动军事叛乱。刚烈的武则天立即下令派兵镇压，并急忙提拔大批拥护自己的人做官。这样一来，武则天势力变得更加强大了。

公元 690 年，武则天一不做二不休，干脆自己登上皇帝宝座。她改国号为周，自称圣神皇帝。自此，经过35年的经营，武则天从皇后跃为皇帝。这一年，她67岁。

武则天执掌国事近半个世纪，位居“圣神皇帝”也有15载。上承“贞观之治”，下启“开元盛世”，社会安定，经济发展，国家统一，是唐朝较为兴旺的一个时期。

公元705年，武则天病死，这年她82岁。

丝绸之路是如何形成的？

公元前2世纪，西汉张骞两次出使西域，打通了“丝绸之路”这一中西交流的大通道。以后，在这条著名的通道上，中外之间不断有人员交往和物资交流。到了唐朝，随着国力强盛和中外交流的扩大，各种人员、物资和文化风俗。沿着这条通道西去东来，以至“丝绸之路”成了中西陆路交通的泛称。

丝绸之路

丝绸之路的起端为长安，向西经过甘肃的武威、张掖到达敦煌。从敦煌往西，分为南北两路。南路：从敦煌出阳关（敦煌西南）西行，沿昆仑山脉的北麓，经楼兰（今新疆若羌东）、于阗（今新疆和田）、莎车等地，越过葱岭（今帕米尔高原），由此再向西可到大月氏、安息（今伊朗）、条支（今阿拉伯地区）、大秦（今地中海东部）各国，向南可达身毒（今印度和巴基斯坦）。北路：从敦煌西北出玉门关向西，沿着天山山脉南麓，经车师前王庭（今新疆吐鲁番西）、焉耆（今新疆焉耆西南）、乌垒（今新疆轮台东）、龟兹（今新疆库车东）、疏勒（今新疆喀什）等地，越过葱岭，从这里向西北行，可到大宛、康居、奄蔡（均在今中亚细亚一带），往西南行与南路汇合。整个路程长达7000多千米。

丝绸之路的大宗商品是丝织品。当时的西方人对丝绸很陌生，他们一直认为丝是从一种特殊的树上抽取的，或者是从地里挖出来的。有些商人为了探取丝绸生产和制作的奥秘，不惜冒险来到中国四处寻访。尽管西方人不知丝绸是用什么制成的，但他们对柔软光亮的中国丝绸却十分喜爱。史书上记载，罗马帝国的恺撒大帝有一次穿着中国丝绸服装去看戏，大臣们认为那是破天荒的豪华，以致穿着丝绸服装，在罗马一度成为财富和权力的象征。据说，公元6世纪中期，罗马查士丁尼皇帝派出两个修士，经过丝绸之路来到中国，才了解到丝是从蚕茧抽取的。回国的时候，他们带回了一根装着一些蚕卵的空心手杖，丝绸业便在西方兴起了。

唐朝时期，经济空前发展，丝绸之路也大大繁荣。当时由唐都长安运往西方各国的丝织物动辄以百匹计。唐朝还在原来的丝绸路上又开辟了两条新的支路，称为碎叶道和热海道。除了丝织物，运往西方的还有许许多多的精美物品，如各种铁器、手工艺品、花果树、陶瓷、纸张、火药等；一些打井、冶铁、灌溉、造纸等技术，也经由丝绸之路传向西方。同时，西方传入中国的有葡萄、石榴、芝麻、黄瓜、菠菜、胡椒、胡萝卜、西瓜等瓜果蔬菜；还有玻璃、琉璃、海西布（呢绒）等产品。

丝绸之路促进了中西商品和技术的交流，也促进了东西方文化的交流。沿着丝路，佛教、基督教、伊斯兰教传入中国，为中国古代文化艺术增添了新的色彩，大批的西方人、西亚人来到中国，将中国古老的文化艺术带回他们国家。

那个时候，丝绸之路的自然环境十分恶劣，沿途还有大小几十个割据政权和小国，威胁着丝路上商贾贸易的安全。中国为保证丝路的畅通，付出了巨大的努力。汉朝时期，在张骞通西域和班超出使西域30年的同时，政府在西域设立西域都护府。数万官兵在此戍边、屯田，用他们艰辛劳动和宝贵生命，换来边地开发的成果和西域安定的局面，保证了丝路贸易的畅通。唐朝时候，朝廷又在西域设立安西都护府和北庭都护府，派出更多的将士驻守边塞，丝绸之路也更为繁荣和畅通。在大部分时间里，丝路的东端一直被中国强大的中央政权统治着。而它中间的贸易活动，则几乎都被波斯（今伊朗）和阿拉伯商人操纵着。

丝绸之路绝大部分地段是无边无际的沙漠戈壁，因此，骆驼就成了唯一的交通运输工具。那时，几十匹甚至几百匹骆驼组成的商队来来往往，从来就没有中断过。在酷暑盛夏，商队为避开火烧般的阳光，只好披星戴月地夜行，寂寞的驼铃声伴着沉重的脚步，在浩瀚的沙海中艰难跋涉。丝绸之路就像一条跳动不息的脉搏，沟通了中国与阿拉伯和欧洲的联系。

宋代以后，随着中国政治、经济重心的南移，造船和航海技术的发展，丝绸之路逐渐让位于海上运输，海上的“丝绸之路”兴盛起来了。

为什么说成吉思汗是“一代天骄”？

内蒙古鄂尔多斯大草原上，有一座富丽宏伟的陵墓，这就是成吉思汗陵。在蓝天绿草衬托下，三座蒙古包式的大殿肃然伫立，明黄的墙壁、朱红的门窗、灿烂夺目的金黄色琉璃宝顶，显得十分辉煌壮观。凡是来到这里的人，都会想起700多年前，一代天骄成吉思汗的故事。

成吉思汗是一种称号，它来源于蒙古语，意思是“强大的皇帝”。成吉思汗的真名叫铁木真，是蒙古族历史上杰出的领袖，也是一位威震世界的英雄豪杰。

12世纪时，中国北方大草原上分布着很多游牧部落，蒙古部是其中之一。据说，铁木真的父亲也应该是蒙古部中的一支——孛儿只斤氏族部落的首领。公元1162年，铁木真出生于这支氏族部落。那时，蒙古各部落之间相互争斗。铁木真9岁的时候，父亲应邀参加朋友的宴会，被异部用毒药害死。母亲只得带着铁木真，流落草原，过着奴隶般的困苦日子。

艰苦的生活、无穷的磨难，锻炼了铁木真坚强的意志和刚烈的性格。他立志恢复父业，报仇雪恨。他想尽办法，集合自己家族和部落的力量。

母亲看出了儿子的心思。她拿出一根筷子交给铁木真，铁木真不解其意，轻轻一折，“叭”的一声，筷子断了。母亲又拿出一捆筷子，铁木真用尽力气，怎么也折不断。看着母亲严峻的面孔，铁木真明白了：团结起来才有力量。从此，他决心统一蒙古各部。

成吉思汗

蒙古各部居住分散，地域广阔：东自呼伦贝尔草原，西至阿尔泰山西部，北起贝加尔湖、叶尼塞河，南近长城。这片辽阔的土地，当时被各部落分割成几十块。势力最大的部落有东边的塔塔尔部，西边的乃蛮部，北边的篾儿乞惕部，这些大部落之间还有几十个中小部落。要统一蒙古，谈何容易。但是，铁木真不畏艰难，他联合那些与自己部落关系密切的部族，反对共同的对手。

十年间，铁木真率领中小部落，驰骋草原，东征西伐，与塔塔儿、篾尔乞惕、乃蛮等部落割据势力，展开反复争夺。其间，他曾多次遭受巨大的挫折，但他矢志不移，从不气馁。最后终于以秋风扫落叶之势，荡平了一个个部落王国，统一了整个大草原。公元1206年，蒙古各部的贵族、大臣们在斡难河畔（今黑龙江上游的支流之一）大聚会，一致推举铁木真为全蒙古各部的大汗，尊称“成吉思汗”。

蒙古汗国的崛起，使本来已经纷乱的政局更加复杂。仅在蒙古高原周围就有金、西夏和畏兀儿等政权，再远一点又有西辽、南宋政权。雄心勃勃的成吉思汗统一蒙古以后，立即加入到逐鹿中原、扩展势力的战斗中。他选中的第一个进攻目标就是金朝。

金朝位于南宋王朝和蒙古汗国之间。金政权不仅奴役中原各族百姓，也歧视蒙古族人，每年都要逼迫蒙古人交纳大批财物，向金朝称臣，成吉思汗对此恨之入骨。公元1209年，金朝的完颜永济当了皇帝，成吉思汗听说后，使劲向南方啐了一口唾沫，骂道：“像这样庸碌无能的家伙，居然也配当中原皇帝!”

从公元1209年开始，成吉思汗对金的藩属西夏政权，连续发动3次进攻。他亲率骑兵，长驱直入西夏京城中兴府（今宁夏银川），逼迫西夏纳贡请和。

公元1211年三月，成吉思汗以猛虎出山之势，进攻金朝。蒙古骑兵突破30万金军设置的“浍河堡”（今河北万全）防线，然后从小道绕到金军背后，直逼金朝都城中都（今北京）。金朝上下惶惶不可终日，陷入一片混乱。蒙古军队在洗劫中都周围地区以后，班师回朝。公元1212年和1213年，成吉思汗又两次派兵进攻金朝。金朝内部发生宫廷政变，永济皇帝被杀，新皇帝金宣宗被迫向蒙古纳贡。

公元1214年七月，成吉思汗再次挥师南下，横扫金朝各地。金军已无招架之力，纷纷南逃，朝廷迁都汴京，苟延残喘。到了公元1215年，成吉思汗轻而易举地占领了中都，金政权名存实亡了。

公元1227年，当蒙古军队再一次进攻西夏时，成吉思汗因伤病复发，死在军中，终年66岁。

成吉思汗的一生富有传奇色彩。他统一蒙古高原，驰骋长城内外，还率兵西征，横扫欧亚大陆。成吉思汗确实可称为“一代天骄”。

朱元璋是怎么从乞丐到皇帝的?

元朝至正四年（公元1344年），淮河流域遭受特大旱灾。蝗虫遮天盖地，瘟疫到处流行，百姓死伤过半。千里淮河两岸，万物凋敝，尸骨遍野。濠州钟离县（今安徽凤阳）太平乡孤庄村朱五四一家也不例外。短短20天内，一家8口死的只剩下二儿子重六、小儿子重八两人。这朱重八就是明朝开国皇帝朱元璋（公元1328~1398年）。那年，他17岁。

举目无亲的重八用芦席卷埋了双亲和兄长的尸体。为了混碗饭吃，他不得不到附近的皇觉寺里剃发烙印，当了一名小和尚。谁知，和尚庙里不久也断了粮，仅仅在庙里呆了50来天，重八就被打发出去讨饭了。

重八背着破包烂席，手拎饭碗，走村串巷，沿街乞讨。残羹剩饭、树根草皮他尝过；田间地头、猪棚狗舍他也睡过。安徽、河南的数十个州府都有他讨饭的足迹。3年的乞丐生活，他饱经风霜，备受磨难，但也使这个目不识丁的乡下佬见了世面，开了眼界，懂得了许多过去不懂得的人生道理。

朱元璋

3年后，当重八又回到皇觉寺时，变得大不一样了，他已能读书写字，并懂得结交朋友了。

这时，全国各地的反元起义已经蜂拥而起，其中，刘福通领导的红巾军声势最大。重八家乡濠州有个叫郭子兴的人，也拉起红巾军大旗，造起反来。郭子兴托人给重八带来口信，劝他投奔起义军。这件事不慎被外人偷听到，要向官府告发，重八焦急万分。正欲作出决断之时，皇觉寺遭乱兵烧毁，走投无路的重八被逼上梁山，当晚就投奔了郭子兴。

郭子兴与朱重八是好朋友。他见朋友来投，自然十分高兴，忙着为重八操办婚事，还给他起个大名：朱元璋。

朱元璋当时虽然只是乞丐、和尚，却并非等闲之辈。他足智多谋，办事干净利索，投奔郭子兴以后，作战勇敢，屡战屡胜，很快从亲兵升为九夫长、镇抚、总管，成了郭子兴最得力的助手，在军中威望也越来越高。郭子兴的两个儿子嫉贤妒能，一天，他俩约朱元璋喝酒，企图乘机把他毒死。朱元璋知道他俩的用意后，不慌不忙地和他们骑马共行。走到半途中，朱元璋突然仰头望天，口中念念有词。俩人忙问他是不是又在念经，他板下脸说："刚才天神叫我不要去喝酒，说你们在酒中放了毒药要谋害我。"俩人脸色顿时煞白，急忙下马作揖道："没——没有这回事。"他俩心里还以为朱元璋真有天神保佑呢，从此再也不敢谋害朱元璋了。

公元1356年，即郭子兴死后的第二年，朱元璋使尽浑身解数，当上了红巾军的元帅。这年三月，他率军攻克俗有“龙盘虎踞”之称的集庆（今江苏南京），把集庆改名为应天府，成了一方侯王。

当时，各路反元起义军纷纷自立山头，各据一方。朱元璋的东边有张士诚，西边有陈友谅，各领兵数十万，论实力都比朱元璋强。集庆的南方还有元朝军队，北边则是军阀混战。面对如此复杂局面，怎样才能消灭异敌、统一天下呢？朱元璋一时拿不定主意。

一天，朱元璋正在大殿内闷闷不乐，他的幕僚、徽州（今安徽歙县）著名儒生朱升问道：“朱公这几天怎么心事重重啊？”朱元璋说：“当今天下大乱，诸侯各峙一方，我的实力又太弱，如何才能统一天下呢？”朱升答道：“依我之见，应当‘高筑墙，广积粮，缓称王’才是上策！”朱元璋听了大喜，采纳了朱升的建议。

朱元璋占据的地盘虽小，但却是一块富足之地。他以应天府为根据地，积粮练兵，加强实力，并伺机向江南扩展。朱元璋藏而不露，一切都在暗中进行，丝毫不透风声，因此各方诸侯并没把他放在眼里。

公元1363年，刘福通领导的红巾军横扫中原以后，惨遭失败。而朱元璋却羽毛丰满，实力越来越强。他选择的第一个进攻目标，就是西边陈友谅。这年七月，朱元璋率军20万，与陈友谅的60万大军在鄱阳湖（今江西鄱阳湖）展开了一场中国古代史上规模最大的水战。朱元璋指挥若定，以火攻战术，攻破庞大的敌船，陈友谅被乱箭射死，朱元璋大获全胜。

公元1366年，朱元璋挥师东进，向张士诚盘踞的江浙一隅大举进攻。此时的张士诚已日薄西山、奄奄一息，当朱元璋军队打过来时，张士诚军队不堪一击，顷刻间便土崩瓦解，他自己也被迫自杀身亡。

公元1368年正月，朱元璋揭掉“缓称王”的面纱，在应天府举行隆重的登基大典，建立了新的王朝，国号“明”，年号“洪武”，朱元璋就成了明太祖。乞丐和尚出身的朱元璋，看着满朝文武官员向他顶礼膜拜，做梦也没有想到竟有做“天子”的这一天。

公元1368年八月，朱元璋的大将徐达率25万明军攻入元大都，统治中国 97 年的元朝终于结束了。3 年以后，明军攻克西南，战乱割据的中国再次统一起来。

为什么称张居正为“宰相之杰”？

明朝时，明太祖朱元璋废除丞相职位，以内阁首辅取而代之。这样，内阁首辅就成了事实上的“宰相”。明朝 200 多年间，担任首辅的人不下数十个，但真正有作为、在历史上引人瞩目的只有一个，他就是明代中期的张居正。

张居正，嘉靖四年（公元 1525 年）出生于湖广江陵（今湖北江陵），从小聪颖过人，胸怀大志，13 岁时写的文章，大人们看了都赞不绝口。他 16 岁中举，23 岁中进士，随后便步入政坛。3 年后，张居正任明裕王朱载垕的侍读（即老师）。嘉靖四十五年（公元 1566 年），裕王即皇位，张居正被升为大学士，进入内阁，参与朝廷大事。

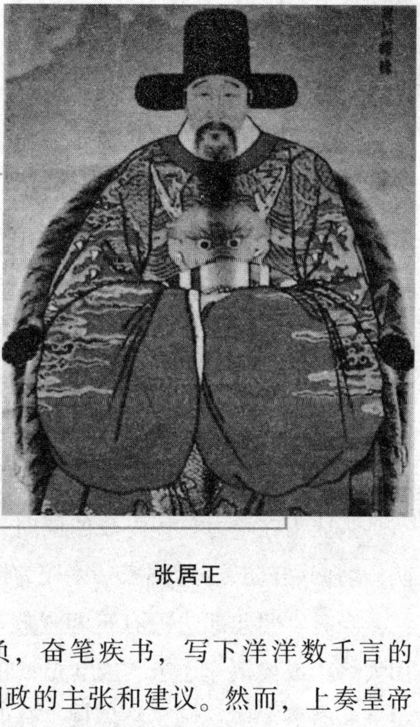

张居正

明代中期，官场腐败，弊端百出，国家财政拮据，社会矛盾尖锐，边防空虚，险象丛生。刚入阁的张居正怀着“安得随长风，翩翩来君旁，愿将云锦丝，为君补华裳”的抱负，奋笔疾书，写下洋洋数千言的《陈六事疏》，提出了许多精辟的整顿朝政的主张和建议。然而，上奏皇帝时，却遭到冷遇，张居正的一片赤诚之心受到了极大的打击。

可是，张居正的改革热情没有熄灭。隆庆六年（公元 1572 年），明神宗即位，张居正一跃而成为内阁首辅，总揽朝廷大政。这时的明神宗只是一个乳臭未干的10岁孩子，权力和重任实际上都落在张居正身上，他可以一展自己的抱负了。为了实现“富国强兵”的愿望，他义无反顾地开始大规模的改革。

改革首先从整顿吏治开始。万历元年（公元1573年），张居正奏请实行“考成法”，以随时考核各级官员。“考成法”要求朝廷上下大小官吏，必须“有法必依，有令必行”，凡限期完不成工作任务的，要追查责任，轻则罢官，重则治罪。“考成法”的推行，一扫官场中因循敷衍的恶习，更新了吏治，给腐败的官场吹进一股新鲜空气。

张居正针对朝廷用人制度上的种种弊端，提出“要为国家培养人才”，只要是“能办国家事，有礼于君者”，不论资历深浅，都加以提拔并委以重任。

张居正还对财政经济制度实行了大刀阔斧的改革。万历九年（公元1581年），张居正奏准在全国推行“一条鞭法”。这是一种新的赋役办法，就是把农民负担的田赋和各种差役合在一起征收税役，按成人数和田粮数摊派差役，不愿服差役的，可以出钱代役，同时，田粮也可以折成银两交纳，由地方官吏直接负责，减少中间盘剥层次。

“一条鞭法”抑制了豪强地主偷漏税款，减少了大小官吏从中盘剥和勒索，也给农民带来不少好处。农民有了较多的时间去从事耕作，同时也有了一定的人身自由。这就为他们提供了脱离土地，改革谋生方式的机会。当时，就有一些农民去城镇从事手工业和商业活动，有的甚至以出卖劳动力为生，使封建社会里出现了一些新的生产关系的萌芽。

张居正在全力整顿内政的同时，并没有忘记对边防的关注，他整顿军队，“强兵守防”，使国家一度较为稳固、安定。

当时，明北部边关有鞑靼贵族南侵，东南海疆有倭寇窥视。张居正启用大将李成梁镇守辽宁、戚继光镇守蓟门（今河北北部）。戚、李二人在边关“积钱谷，练兵马，整器械，开屯田，理盐法”，迅速加强了北部边关力量。同时，张居正下令在沿海分段设寨，整修兵船，巡弋近海，加强戒备，一旦倭寇来犯，当歼敌于海上。在张居正当政的万历初年，明朝的外患有所遏制，国防相当巩固。

万历五年（公元 1577 年），正当张居正拨乱反正、初见成效的时候，张居正的父亲去世了。按照当时的礼法，他必须离职守孝 3 年，但张居正想，国家刚刚由乱归治，中兴在望，一旦离开，正在进行的改革很可能半途而废、前功尽弃。于是，在明神宗的特许下，他置封建孝道于不顾，让儿子去奔丧，自己留在京城任职。消息传开，立即引起一场轩然大波。反对他的人纷纷上书神宗皇帝，攻击张居正"忘亲贪位"，要求弹劾张居正，甚至还有人在大街上贴告示攻击他，闹得满城风雨。后来，在神宗的干涉下，制止了这场风波。

万历十年（公元 1582 年）张居正因积劳成疾，心力交瘁，永远离开了人世。这年，他 58 岁。

张居正为国家赢得了富强，却给自己带来了祸殃。他尸骨未寒，便遭到一帮官僚大臣们的肆意攻击。明神宗想到当年自己年少时，张居正大权独揽，不让自己胡作非为，还曾伙同太后起草皇帝罪己诏（就是皇帝责备自己的诏书），不禁越发痛恨张居正。万历十一年（公元 1583 年），明神宗收罗张居正罪状，下诏撤掉张居正的全部官秩，差点剖棺戮尸。张居正的子孙十多人，被强行关在屋子里活活饿死。张居正生前从事的改革大业，被废弃殆尽，刚开始走向中兴的明朝，从此滑入覆灭的边缘。

清王朝的奠基人是谁？

公元 1616 年正月，努尔哈赤在赫图阿拉（今辽宁新宾）称汗。女真贵族、八旗头领、大小功臣们纷纷向他顶礼膜拜，高呼"万岁"，努尔哈赤当众宣布"大金国"建立，年号"天命"。为了和阿骨打女真建立的金朝相区别，历史上把它称为"后金"。

过了两年，努尔哈赤羽毛丰满、兵强马壮。他学着当年周武王牧野誓师的样子，召集八旗头领们宣布后金与明朝廷结下"七大恨"，第一条就是明军杀害了他的祖父、父亲。努尔哈赤要报仇雪恨，决定起兵讨伐明军。

明朝廷并没有把努尔哈赤放在眼里，以为小小的满族八旗不会有多大能耐。

努尔哈赤集中所有的八旗军队，气势汹汹地杀向抚顺，发誓要打胜与明军的第一仗。驻守抚顺的明军从来没有正正规规地打过仗，他们看到那么多的八旗兵冲杀过来，自知不是对手，便不战而降。匆忙赶来增援的明军，也被八旗兵打得落花流水。努尔哈赤初战告捷，毁掉抚顺城后，便打道回府了。

努尔哈赤

抚顺战败的消息震动了朝廷。明神宗大吃一惊，命令兵部尚书杨镐率领10万明军讨伐后金。

公元1619年，明军分兵四路向赫图阿拉进发。中路左翼部队由身经百战的山海关总兵杜松指挥，兵锋直指赫图阿拉。当行进到萨尔浒（今辽宁抚顺东）山口的时候，杜松留下一部分兵力驻守萨尔浒，自己带另一部分精兵攻打赫图阿拉西北的界藩城。他顶着凛冽的寒风，脚踏积雪急行军，想抢个头功。

努尔哈赤看到明军分兵几路，经过仔细考虑，形成了自己的作战方案。他把6万多八旗兵集中起来，形成局部上的优势，乘机包围了驻守萨尔浒的明军。势单力薄的明军虽拼命抵抗，但终究无济于事，被八旗军全部歼灭。得胜之后，努尔哈赤急忙杀往界藩，又把界藩围个水泄不通。杜松左右冲杀想要突围，忽然一箭射来，击中他的头部。杜松当即从马上栽下来死去，其余明军全部被消灭。八旗兵马不停蹄，转身攻打其他几路明军。辽东总兵李如柏和开原（今辽宁开原）总兵马标指挥的两路明军慌忙后撤，逃跑中死伤者、迷失方向者不计其数。辽阳总兵刘铤（tǐng）率领的南路明军，也遭到努尔哈赤的包围，刘铤拼死冲杀，不幸负伤而死。

这场战争前后只有5天时间，杨镐的10万明军损失大半，300多名文臣武将战死。这就是历史上著名的“萨尔浒之战”。

萨尔浒战役，明军元气大伤，后金力量急剧上升。又过了两年，努尔哈赤攻下沈阳，整个辽东地区尽归后金。公元1625年，努尔哈赤迁都沈阳，把沈阳改称为“盛京”。这时，他把战略视野移向中原大地，准备杀入关内，彻底打败明军。

公元1626年正月，努尔哈赤亲自率领13万大军，渡过辽河，杀向宁远(今辽宁兴城)。

宁远是进抵山海关的通道，战略地位十分重要。驻守宁远的明军守将叫袁崇焕。辽东战事紧急时，他曾独自一人骑马出山海关外，巡视山川地形、关隘城堡和后金情况。赴宁远就职后，他又在宁远筑起一座坚固的城墙，上面安装了各种大炮火器，准备“以守为战”。袁崇焕指挥有方，号令严明，身先士卒，宁远的军防十分坚固。

自从萨尔浒之战以后，努尔哈赤每战必胜，频频得手，他觉得明军已经不堪一击，便骄傲自大起来。这一次，八旗兵马更多，努尔哈赤更以为稳操胜券。

防守宁远的明军仅仅1万人，而且孤立无援，处境十分艰难。袁崇焕临危不惧，他对将士们说：“养兵千日，用兵一时。如今大敌当前，唯有死守才是出路。”说罢，他当众刺破手指，写下一份血书，表示誓与宁远城共存亡。将士们被他的精神深深感动，纷纷表示要血战到底。

八旗军拼命地向宁远进攻。他们头顶盾牌，手持刀枪，冒着明军的弓箭、石头，攀登城墙。袁崇焕登城指挥明军，击毙不少敌兵。努尔哈赤见硬攻不成，伤亡太大，就改变战术，命令士兵运动到城墙脚下挖掘地道，企图通过地道攻进城内。明军的弓箭、石头失去了作用，大家都非常着急。在这紧急关头，袁崇焕果断地下令用大炮轰击敌兵最密集的地方。这一招，打得八旗军血肉横飞，成片成片地倒在城下，最后只有被迫撤退了。

第二天，努尔哈赤亲临阵前督战。袁崇焕指挥沉着，他等到敌兵逼近城墙时，再次下令开炮。结果，敌兵伤亡更加惨重，努尔哈赤本人也负了重伤，只得下令全线撤退。明军乘胜杀出城去，一直追了几十里，得胜回城。

宁远之战共歼灭八旗兵1万余人，是明军与后金交战以来的第一个大胜仗。

努尔哈赤败回盛京，很不服气地对部下说："我从25岁打仗以来，战无不胜，攻无不克，没想到小小的宁远城攻不下来。"他又气又恼，伤势越来越重。半年以后，这位身经百战的满族军事家、后金大汗就病死了。他的第八个儿子皇太极继承父业，当上后金的大汗。

又过了整整10年，皇太极接受汉族谋臣的建议，改后金为"清"，称努尔哈赤为"清太祖"，自己就是"清太宗"。他想用"清水"扑灭"明火"，继承努尔哈赤开创的事业。

康熙是怎样驰骋疆场的？

康熙，是清王朝定都北京以后的第二个皇帝，史称"清圣祖"。康熙在位期间，以顽强的斗志征战疆场几十载，为维护国家版图的完整统一作出了不可磨灭的贡献。

康熙亲政的时候，清朝江山很不稳固，东西南北都有分裂活动。东面，郑克爽占据台湾，假借"抗清"之名，行"独立"之实；南面，有吴三桂等搞诸侯割据；北面，沙俄虎视眈眈，肆意侵扰东北边疆，继而又有准噶尔贵族兴风作浪，大搞武装叛乱。当时全国各地，可谓狼烟四起。面对这种局面，康熙决心粉碎侵略和叛乱活动，保住大清江山。

正在这时，西南霸主吴三桂首先向朝廷发难了。

吴三桂是历史上臭名昭著的人物，他原先是明朝驻山海关总兵，公元1644年，他打开山海关大门，把清兵引入中原，借助清军消灭了李自成的农民起义军。之后，他又助清灭明，一直打到云南，灭掉南明最后一个皇帝永历帝。清廷赐封他为"平西王"，驻守西南地区。他在西南骄横霸道，无恶不作，势力膨胀，成为西南的"草头王"，搞起分裂割据来。对此，康熙皇帝早有所闻，也深恶痛绝。

康熙十二年（公元1673年），吴三桂向康熙递了个奏章，假惺惺地请求皇帝免去自己的藩王爵位。康熙帝接到奏章，立刻明白了：吴三桂准备公开搞分裂割据，这奏章分明就是“宣战书”。他十分果断地对大臣们说：“吴三桂早有野心，撤藩，他要反；不撤藩，他也要反。唯有派兵扫平吴三桂，才是上策。”这年，康熙年仅 20 岁，年轻气盛，雄心勃勃，很想为国家安定建立功勋。

平叛开始，康熙亲自指挥作战。清军分兵两路夹击叛军。老朽的吴三桂哪里是康熙的对手，康熙二十年（公元 1681 年），叛乱被平息，吴三桂毙命，他的同伙纷纷倒戈投降。

统一西南以后，康熙率又派兵福建，准备粉碎据守台湾的郑克爽的“皇帝梦”。

郑克爽是民族英雄郑成功的孙子，但爷孙俩迥然不同。郑克爽年幼无知，不能主事，部将冯锡范、刘国轩等人操纵大权，欲行“独立”，拥郑克爽做“孩皇帝”。他们曾致书清朝政府：“请你们把台湾看成琉球（今冲绳）、高丽等属国，台湾只要纳贡，不劳清朝治理。”

对此，康熙自然不会同意，他气愤地把奏书撕个粉碎。康熙二十二年（公元 1683 年），康熙下令进兵台湾，征讨郑克爽。六月，清军与郑克爽的军队在澎湖海面大战，清军大获全胜。八月，清军进驻台湾，郑克爽投降，收复台湾大功告成。

粉碎沙俄的侵略，是康熙皇帝驰骋疆场、维护祖国版图统一伟业中，最光彩夺目的一举。

那时，沙俄疯狂地向东方扩张，不断侵扰中国黑龙江流域地区，战事连年不断。康熙对此极为关注，曾说：“朕自亲政之时，即留意于此。”康熙二十四年（公元 1685 年），康熙派彭春为都统，率领清军 1 万多人，进军雅克萨，驱逐沙俄侵略军。

雅克萨位于黑龙江的北岸（黑龙江呼玛西北，今俄罗斯境内），原是中国达斡尔族居民居住区，公元 1650 年被沙俄侵略军强占，并在此修筑坚固的城堡，安置重兵防守。康熙二十四年（公元 1685 年）六月，清军兵临雅克萨城下，彭春向守城俄军发出最后通牒，要俄军立即退出侵占区，但遭到拒绝。六月二十五日晚，清军炮轰城堡，刹那间，火光冲天，城楼燃烧起来。俄军自知不是对手，被迫挂白旗投降。彭春按照康熙帝的指令，把投降的敌人全部放走，勒令他们撤回本土。然后，清军在拆毁雅克萨城以后，班师回朝。

但是，沙俄侵略者不甘心失败，他们得到清军撤走的消息后，又卷土重来，聚集更多的军队，重修雅克萨城堡，更加疯狂地抢掠黑龙江流域内居民的财产。

康熙闻讯以后，再次下令驱逐侵略军。康熙二十五年（公元1686年），黑龙江将军萨布素率领清军第二次围攻雅克萨。沙俄军队拼命顽抗，多次出城反扑。清军用炮火猛轰，打死沙俄守军头目托尔布津。攻城持续了3个月，最后沙俄军队被迫放下武器。沙俄政府慌忙派出代表，表示愿意谈判。

康熙二十八年（公元1689年），中俄双方在尼布楚（今俄罗斯涅尔琴斯克）正式签订《尼布楚条约》，规定中俄双方以格尔必齐河、大兴安岭、额尔古纳河为界，黑龙江和乌苏里江流域的广大地区都是中国的领土。沙俄的侵略行径被遏制了，中国东北边疆的安全也有了保障。但近代以后，腐败无能的清王朝却把黑龙江以北、乌苏里江以东的大好河山，割让给了沙俄。《尼布楚条约》签订以后，中国西部地区又出战事，准噶尔贵族噶尔丹在沙俄的怂恿下，发动了分裂叛乱。

清朝初年，蒙古部落分为三部，居住在西北部广大草原上，由清朝统治。其中一部称为漠西厄鲁特蒙古，在这个部落中有一支叫准噶尔。噶尔丹是头目。噶尔丹长期以来里通外国，时时刻刻都想消灭其他蒙古部落。他乘清朝军队与沙俄打仗之机，勾结沙俄，在西北地区烧杀抢掠，给蒙古各部、维吾尔族人和汉人等，都带来深重的灾难，也直接威胁着清朝的统治。康熙二十九年（公元1690年），噶尔丹公然掀起对清中央政府的叛乱，2万多叛军疾驰南下，扬言要打进长城。

康熙皇帝再也坐不住了。这次，他决定亲自带兵出征，捣毁叛军老巢。这年八月，清军在乌兰布通（今内蒙古昭乌达一带），与叛军遭遇。噶尔丹用上万只骆驼圈成一座骆驼城，在里面架起火炮，拼死抵抗。康熙亲临前线指挥，命令清军炮队猛轰驼城。隆隆炮火中，骆驼城被炸开一个缺口，清军骑兵蜂拥而入，把叛军杀得七零八落，噶尔丹带着残兵败将向漠北逃去。康熙三十五年（公元 1696 年），康熙第二次亲征漠北。在昭莫多（今蒙古乌兰巴托东南）歼灭叛军主力，噶尔丹再次脱逃出走，但从此一蹶不振了。康熙恨透了噶尔丹，第二年，又第三次率兵出征。这时，噶尔丹已是穷途末路，在清军的攻击下，叛军纷纷投降，噶尔丹一命呜呼。

康熙这三次西征，在历史被称为“三征噶尔丹”。

康熙五十九年（公元 1720 年），康熙又派兵远征西藏，平定噶尔丹的侄子策妄那布坦的叛乱，护送达赖喇嘛六世进藏。

至此，分裂割据势力被彻底消灭，外来侵略也被完全击退，大清王朝获得了空前稳固的局面。

康熙，原名爱新觉罗·玄烨。8 岁时（公元 1661 年）继承皇位，改年号“康熙”，因此称为康熙皇帝。14 岁开始亲理朝政，以后大权在握，直至 69 岁病逝，在位长达 61 年，是清王朝在位时间最长的皇帝。正如“康熙”一词含有“和平快乐”的意思一样，清朝在他执政时期，步入繁荣昌盛的“康乾盛世”。

当然，康熙也有独断专行的一面。他大兴“文字狱”，冤杀不少文人就是一例。不过。康熙仍然是当时世界舞台上著名的君主，他与法国的路易十四、俄国的彼得大帝一起，并称为当时世界三大帝王。

太平军如何席卷半壁江山？

1851 年 1 月 11 日，广西桂平县金田村人山人海，旌旗招展。洪秀全站在一块高台上，郑重宣布：“从今天起，太平天国成立了，太平军全体将士都是兄弟姐妹，大家有饭同吃，有田同耕，齐心协力斩尽妖魔鬼怪！”数万太平军将士举起刀枪，摇旗呐喊，呼声、鼓声在金田村上空回荡。中国近代史上规模空前的太平天国运动由此拉开了序幕。

洪秀全，1814 年出生于广东花县一户农家，曾经几次参加科举考试，都名落孙山。无意之中，他看了几本介绍西方基督教的书籍，开始信奉“上帝”之说。此后，他创立“拜上帝教”，吸收信徒，到处宣传只有铲除妖魔鬼怪，杀尽不平，天下人才能过上好日子。

洪秀全

洪秀全的“拜上帝教”得到广西、广东一带农民的响应，短短几年间，“信徒骤增，形势大变”。他的广东花县同乡冯云山、族弟洪仁玕，以及杨秀清、肖朝贵等人积极协助洪秀全的“布道”活动，这些人后来都成为太平天国的领导者。

金田起义以后，太平军转战于广西境内，半年以后，拿下了永安城（今广西蒙山）。洪秀全按照“拜上帝教”教规，成立太平天国指挥机构，分封诸王，自称“天王”，天王以下设有东王、西王、南王、北王、翼王等。

消息传到北京，清朝廷大为恼火，这些“贼寇”不敬朝廷信上帝，还公然要推翻大清王朝，真正是“大逆不道”，于是派出大批清军开赴广西，围追堵截，要把太平天国扼杀在摇篮中。太平军奋力突围，第二年6月，终于冲出广西，进入湖南，连克永州、道州、郴州等地，把清军甩在后面。接着，太平军直接北上，攻打长沙。

长沙的战斗打得相当艰苦，双方鏖战81天，太平军久攻不克，只得绕道岳州（今湖南岳阳）。在这里，太平军招募大批船工、渔民和农民，兵力增加到10万之众。

1852年底，长江水面突然出现大批太平军船队。他们顺江南下，进军武昌。

武昌的清军看到太平军桅樯林立、旌旗蔽空，就拼命地开炮轰击。太平军先夺取汉口、汉阳，然后，在汉阳和武昌的江面上架起浮桥，突破天堑，一举拿下武昌城。

太平军又从武昌发兵，顺江东下，一路连破九江、安庆、芜湖等沿江城镇，势如破竹，直指南京。1853年3月19日，太平军终于攻克南京。洪秀全改南京为“天京”，把它作为太平天国的都城。

从金田起义到定都天京，太平军仅用了两年零两个月的时间，就风卷半壁江山，与清王朝分庭抗礼了。

清王朝惊恐不已，急忙从各地调集军队，在天京附近建立“江南大营”和“江北大营”，企图围困太平天国。

1853 年 5 月，太平天国派出两支队伍。一路向北，直捣清廷老巢北京；一路向西，夺取长江中游各省。

1854 年春，太平军与湘军交火，湘潭一仗，太平军败北。湘军趁势反攻，杀出湖南。太平军被迫退到九江、湖口。次年初，双方大战于江西湖口，湘军大败而逃。太平军趁势再占鄂、皖、赣 3 省的沿江地区。两次大战，太平军与湘军各胜一场，打了一个平手。

与此同时，太平军连续攻破清军设在天京周围的江南、江北大营。太平天国在军事上达到鼎盛时期。

1856 年，天京城内乱云翻滚，太平天国领导层内部发生武装内讧，天王洪秀全及诸王都卷入争权漩涡，太平天国的实力大大削弱了。

以后，太平军与湘军频频开战，反复争夺，仗越打越大，也越打越凶。1858 年 11 月，陈玉成率领太平军在三河（今安徽肥西境内）大败湘军主力，歼敌 6000 多人。

到 1862 年，曾国藩的幕僚李鸿章又在慈禧太后的“恩准”下，到家乡安徽合肥招募军队，成立“淮军”（初期叫“淮勇”）。李鸿章下血本，用重金购置洋枪洋炮，装备淮军，并在长江下游的苏州、上海等地部署防线，与太平军为敌。这样，太平军除了同八旗、绿营、湘军打仗之外，又增加了一个新对手淮军，形势相当不利。

1864 年，天京周围地区尽为清军占领，天京成了一座孤城。6 月，洪秀全病逝。不到一个月，湘军用炸药轰开天京城墙，涌入城内。太平军进行最后的抵抗，终于失败。

后来，在镇压太平天国运动中兴起的湘军和淮军，成了清朝政府的重要军事力量。

为什么说“五四运动”翻开了历史的新篇章?

1919年5月4日，北京城阴云密布，北洋军阀控制下的北京政府派出大批军警，扼守重要路口、机构。

下午2时左右，北京大学、北京高等师范等10多所大专学校的3000余名学生，冲破阻挠，冒着生命危险，从四面八方汇集到天安门前。他们手持“还我青岛!”、“还我山东!”、“惩办卖国贼”、“取消二十一条”、“打倒卖国政府”等标语，呼喊着口号，举行示威游行。队伍从天安门向东交民巷行进。学生们把抗议书递交给各国驻北京的使馆，然后，游行队伍浩浩荡荡向赵家楼进发。

早在1915年，北洋军阀首领、大卖国贼袁世凯置中国主权于不顾，与日本签订可耻的《二十一条》，把中国主权和德国掠夺中国山东的“权利”，赤裸裸地出卖给日本。全国人民群起而攻之，立即掀起一场抗日讨袁的爱国运动，斗争浪涛越来越高，声势日益巨大。不久，在万众唾弃中，袁世凯结束了罪恶的一生，成为死有余辜、遗臭万年的僵尸。此后，全国各地每年都要举行反帝爱国的游行示威活动，要求取消《二十一条》，反对卖国罪行。

到了1919年，第一次世界大战刚刚结束，各战胜国在法国巴黎凡尔赛宫举行和会，议定和约。中国作为战胜国之一，也派代表参加，并提出九条提案，其中包括要求废除《二十一条》，以及收回在大战期间日本掠夺中国山东的“权利”。但是，西方列强根本不把贫弱的中国放在眼里。在日本的压力下，中国的提案没有被和会接受，相反，和会公然承认日本在山东的占领权。这时，北洋军阀首领段祺瑞控制的北京政府竟然准备在和约上签字。

消息传到国内，中国人民义愤填膺。爱国人士纷纷集会、演说，反对在和约上签字，反对《二十一条》，反对日本占领山东。那些曾经参与《二十一条》卖国活动的“代表”、“公使”曹汝霖、陆宗舆、章宗祥等人，更是成了万人唾骂的可耻卖国贼。赵家楼就是曹汝霖的住处。

当游行示威的学生队伍到达赵家楼的时候，曹汝霖的住宅大门紧闭，数百名军警已布守在曹宅四周。学生们呼喊着“打倒卖国贼”、“打倒卖国政府”的口号，冲向曹宅。不少市民也参加到学生队伍中。霎时间，群情激愤，呼声震天。几个勇敢的学生翻墙而入，打开大门。警察慑于学生的巨大声势，只得退缩一旁。学生们一拥而入，到处寻找曹汝霖。而曹汝霖却趁人声鼎沸之时，从后门仓皇溜走了。学生们没找到曹汝霖，却碰上了正在曹宅的章宗祥。大家不由分说，围上去一顿痛打，把这个卖国贼打得头破血流，躺在地上装死。然后，愤怒的学生一把火烧了曹宅。

痛打章宗祥，火烧赵家楼，表达了爱国学生对卖国贼的切齿痛恨。正是北京学生的这把火，点燃了全国各地反帝反封建爱国运动的冲天巨焰，“五四”运动由此开始。

大火引来了更多的军警，他们疯狂地进行镇压和迫害，逮捕了许德珩等32名学生。学生们更加义愤。5月5日，北京学生宣布罢课，成立中等以上学校学生联合会，要求释放被捕学生，惩办卖国贼，并通电全国，请求支援。

北京学生的爱国行动，犹如一声响亮的春雷，震动了全国。上海、天津、济南、长沙、南京、武汉等城市的学生纷纷举行集会，声援北京同学。在东京留学的中国学生，也结队向英、美、法、俄、意各国驻日公使呈书，要求将山东直接交还中国。

面对学生的爱国行动，北洋政府心惊肉跳，丧心病狂的段祺瑞更加凶残地镇压学生，公开扬言要在巴黎和约上签字，其反动卖国嘴脸暴露无遗。

北京学生没有被威胁吓倒，他们决定举行更大规模的示威游行。学生们商定，如果第一天上街的人被捕，第二天就用加倍的人数继续上街演讲，再遭逮捕，第三天上街的人再增加一倍，直到全北京中等以上学校学生25000余人全部被捕为止。

学生们以前仆后继、英勇无畏的献身精神，向卖国政府挑战。在街头，他们挺起胸膛，大声疾呼，向人民群众讲述中国面临的危机，揭露北洋政府的卖国嘴脸，号召人民自己起来救国。

6月3日，上街集会演讲的数百名学生被警察逮捕。4日，更多的学生继续上街演讲，北洋政府进行了更大规模的逮捕。5日，5000余名学生身背包袱走上街头，他们高呼着爱国口号，洪亮的声音震颤着每一个人的心弦。

北京的市民目睹此情此景，眼泪夺眶而下，无不痛骂卖国贼和卖国政府，对学生的爱国牺牲精神表示极大的敬佩。成千上万的市民加入到爱国学生的队伍中，汇成一股愤怒的力量。

与此同时，上海的工人开始罢工，要求释放被捕学生，惩办卖国贼。罢工浪潮很快波及纺织、金属、市政、手工等各行各业，罢工人数多达六七万。此后，沪宁、沪杭铁路，京奉、京汉铁路及长江轮船的工人纷纷加入罢工运动。上海、南京、宁波、厦门、苏州、芜湖等地的商人也陆续罢市。全国各地的工人、学生、商人、市民纷纷加入到斗争的行列中，反帝反封建的燎原大火迅速燃烧起来。

6 月 10 日，北洋政府被迫下令免去曹汝霖、章宗祥和陆宗舆 3 个卖国贼的职务，同时释放被捕的学生。

但是，燃烧的怒火没有停息，爱国运动焦点集中到拒绝在巴黎和约上签字的问题上来了。6 月 18 日，山东各界代表 109 人从济南到北京请愿，要求拒签和约。济南人民纷纷前往送行，车站出现易水悲歌的激动场面，代表们沉痛地表示：不达目的，誓不生还。

19 日，山东代表到达北京，要求面见北洋政府总统徐世昌，强烈要求拒签和约。徐世昌拒而不见，代表们在倾盆大雨中，一齐跪在新华门前，失声痛哭。北京学生及全国各界全力支持山东代表的要求。徐世昌被迫接见，但却敷衍搪塞。6 月 27 日，京津学生和留日、留欧归国学生代表和山东代表联合起来，继续请愿拒绝签约。第二天，徐世昌又被迫接见，说话吞吞吐吐，不着边际。陕西学生屈武当场号啕大哭，以头撞壁，代表们纷纷斥责徐世昌奴颜婢膝。徐世昌见状不妙，赶紧溜走了。

同一天，在法国巴黎的中国留学生、工人和华侨，包围了北洋政府代表团居住的旅馆，不准代表出去签字。这样，在全国人民的强大压力下，中国代表团被迫拒签《巴黎和约》。中国人民取得了外交史上的一次重大胜利。

“五四”运动是一场彻底的、不妥协的反帝反封建的爱国运动，是中国新民主主义革命的开端。从此，中国历史翻开了新的篇章。

文化艺术

中国为什么叫 China?

在英语中，中国叫“China”。你知道这是为什么吗？

关于这个问题，许多人有各种不同的看法。但其中最流行的、被大多数人所接受的一种说法是：“China”是汉语“昌南”这个词的音译。

这是怎么回事呢？

原来，“昌南”就是江西的昌南镇，因为那地方处于昌江之南，所以在唐代叫昌南镇。昌南镇就是后来名闻天下的瓷都景德镇的古称。18 世纪以前，整个欧洲还不会制造瓷器，要是有人得了一件中国瓷器，特别是昌南镇出品的精美瓷器，那就像是得了一件宝贝。据说，17 世纪时，萨克森王国的君王为了得到 12 个巨大的中国蓝白花瓶，竟不惜拿 600 名御林军卫士来交换。现在，这些花瓶仍然被陈列在德国的造瓷中心德累斯顿的博物馆里，人们称这些花瓶为“近卫花瓶”。

中国瓷器的身价如此之高，名声如此之响，于是，欧洲人就将瓷器称作“昌南胗（China）”，后来又进而把生产瓷器的中国也称为“China”。久而久之，欧洲人把“昌南”的本来意思忘掉了，只知道“China”是“瓷器”和“中国”。所以，现在英语里“瓷器”和“中国”都是同一个词，即“China”。

制瓷技术是中国对世界的伟大贡献。远在唐代，中国就已开始大量出口瓷器。这些精美的瓷器不仅是日用品，而且还是珍贵的艺术品。后来，制瓷技术也慢慢地传到了世界各地。中国自古以来是“瓷器之国”，难怪欧洲人把瓷器和中国都叫做“China”了。

汉字的历史有多长?

在陕西省白水县史官乡，有一座宏伟的庙宇，庙的后殿正中供奉着一座高大的、长了四只眼睛的神像，这就是中国伟大的造字神——仓颉，史官乡是他生活和安葬的地方。

传说仓颉是黄帝时代的史官。他既然有神光四射的四只眼睛，观察起世界的万事万物也就格外方便，创造文字这样重要的任务当然由他完成。当他造出文字来的时候，天上纷纷落下谷子，鬼也在夜里哭起来。可见，仓颉的造字实在是惊天动地的。

当然，仓颉造字只是一段神话，汉字是劳动人民长期创造的，仓颉可能是在搜集整理文字的过程中一位卓有功劳的史官，是一位勤奋而聪明的凡人。但是从中国古人创造的这个神话，可以反映出人们对于汉字的产生，表现出怎样的崇敬和赞美。

汉字的产生有一个复杂的过程：

我们的祖先在有了语言、还没有文字的时候，曾经创造八卦，使用“结绳”、“刻木”记事。

八卦当时主要用于占卜，其中有的符号和后来个别古文字形比较接近，比如☲表示火，☵表示水，所以有的学者认为文字从八卦吸收了材料。

“结绳”是用绳子拴些疙瘩来记事，不同颜色的绳子、不同形状的疙瘩，可以表示不同的事情。

旧石器时代的人类还在棍子上、骨头上刻些记号来帮助记忆、进行计算，记号有深浅、形状的不同。这些记号，尤其是其中的计数字，对后来文字的产生起了极大的作用。

虽然八卦、结绳、刻木补充了语言的不足，为我们的祖先提供了便利，但这些方法所记录的信息毕竟太有限。随着社会的发展，人与人之间的关系越来越复杂，人的思想感情也越来越丰富，这一切，都促使我们的祖先去创造更为方便的记录信息的符号——文字。

旧石器时代的人类，已经能画出比较逼真的动物和人像，这是文字的先驱。

文字画所表现的意义并不十分明确，有时候，人们不能通过画面去准确理解它的意思。又经过很长时间，文字画终于发展成为图画文字。

图画文字与文字画有本质的不同：图画文字与有声语言有了比较固定的联系；一定的图形代表语言中有固定声音、固定意义的词，它排除了文字画理解中的任意性。所以，由文字画发展到图画文字，标志着文字的产生，是一个了不起的进步。

从图画到文字画，再到图画文字，直到发展成文字体系，其中经过了千百年、甚至上万年的时间，无数的人在文字创造中都作出了贡献，有些人是个别字的创造者，他们的创造得到大家的认同，又流传开去。越积越多，最后终于形成比较完备的文字体系。

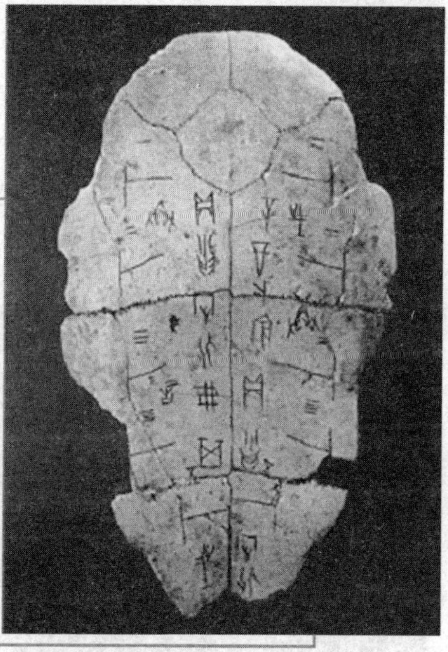
甲骨文

根据研究，汉字的萌芽大约在6000多年以前，形成于约4500年前。我们现在所能看到的最早汉字，是3000多年前的甲骨文，它已经是完全成熟的文字了。

从甲骨文开始，汉字经过以下几个发展阶段：

甲骨文是殷商时期刻在乌龟腹甲或兽骨上的文字。因为这些龟甲兽骨是在河南省安阳县小屯村发现的，这里原来是殷王朝首都，所以人们又称甲骨文为“殷墟文字”。殷代统治者非常迷信，遇到什么事都要占卜，甲骨文字大部分是占卜的记录，所以也称“卜辞”。

中国发展到商代，出现了用铜和锡合金铸成的青铜器，这时的铜器上铸有一些文字，主要为族徽文字，数量很少。到了商代末期，铜器上的文字多起来，成句成段地出现。到了周代，有时一件铜器上就有几百个文字。由于古人把“铜”称作“金”，我们就把商末周初出现在青铜器上的文字称作“金文”。因为这些文字是铸、刻上去的，所以也叫“铭文”。这些钢器以乐器钟、礼器鼎为多，所以又叫“钟鼎文”。

青铜器上的金文

金文一般是先用毛笔写好，再刻在模子上铸出来的，也有些是直接刻上去的。铸刻的字凹下去的叫“阴文”。

隶书可分古隶和今隶。

篆　书

古隶又叫左书、秦隶，是秦朝的时候和小篆并用的字体，通行的时间比较短；今隶又叫汉隶，是汉代以后的主要字体，它由古隶演变而成，但有波势挑法。

从篆书到隶书，是汉字演变的重要转折点。经过这次变革，汉字形体起了根本变化，从此汉字进入了今文字阶段。

楷书兴于汉朝，盛于魏晋，当时有多种字体，唐以后才专指现在通行的楷书。楷书去掉隶书的波势挑法，笔画平直；适当地对隶书加以简化；字形也由隶书的扁方变成竖方形。楷书出现，方块汉字就定型了。它一直沿用到今天，广泛地用于书写和印刷，成为通用时间最长的标准字体。

另外，还有“草书”和“行书”两种字体。草书是比正式字体写得潦草一些的字体；行书是介于草书和楷书之间的字体，它简化了楷书笔画，又适当采用草书的连绵笔画。写得比较规矩、接近楷书的叫“行楷”；写得放纵一些，接近草书的叫“行草”。行书写起来比楷书随便、容易，比草书容易辨认，直到今天还是应用最广泛的字体。

汉字的发展从总的趋势看，是向简单易写的方向变化的。

汉字是我们祖先的重大发明，它的产生和应用，标志着华夏民族进入了文明时代。我们民族几千年的文化知识正是通过汉字得以保留和传播。此外，我们的邻邦朝鲜、越南都使用过汉字，日本至今还使用部分汉字。

中国人的姓氏是如何来的？

鲁迅先生的著名小说《阿Q正传》写了这样一件事：

有一次，阿Q喝了两碗黄酒，手舞足蹈地说自己是赵太爷本家，结果被赵太爷痛骂一顿，还挨了一记耳光。

小说中的赵太爷，是一位权势者，在他看来，像阿Q这样的“浑小子”不会姓赵、也不配姓赵，根本不可能和自己是本家。村庄上的人也都认为阿Q不一定姓赵，即使真姓赵，有赵太爷在这里，也不该胡说。

赵太爷为什么认为阿Q不配姓赵？村里的人根据什么认为阿Q不一定姓赵？又为什么认为即使阿Q姓赵，也不该胡说他是赵太爷的本家呢？

要弄清这个问题，必须从中国古代的姓氏说起。

中国社会在秦汉以前，姓和氏是严格区分的。

“姓”是一种徽号。同一个姓，代表同一个血统的强大氏族。从字形上分析，“姓”是“女”和“生”构成的合体字，它最初的意思是为某女人所生。远古的人认为，同姓的人都出自同一位女性祖先。母系社会，子女知母不知父，跟母亲姓，所以，很多古姓，都是“女”字旁：

姜　嬴　姚姬（jī）　妫（guǐ）　妊（rén）　姒（sì）

妘（yún）　㛗（zhōu）　嫪（lào）　姞（ji）

从这些字，可以推测，“姓”和远古社会母权文化有关。

中国上古社会有一些势力很强的庞大的宗族集团，每一个宗族集团有一个姓。当时一些没有势力、没有背景的平民，是没有姓的，所以，鲁迅笔下的赵太爷认为阿Q“不配姓赵”，反映了赵太爷的宗族优越感。至于小说中的其他人认为阿Q不一定姓赵，或者即使姓赵，也不该说是赵太爷本家，则反映了人们的权势崇拜心理。

在中国人眼里，姓，不是一个空洞的符号，而是有着丰富的文化含义的。

从集体的观点看，姓，是宗族的徽号。

一个姓，浓缩了一个血缘亲族祖祖辈辈艰难创业的历史。每一个血亲集团的起源和发展，迁徙和分化，兴旺和衰微，都可以从“姓”这个徽号中去透视。例如，从吴姓进行文化寻根，可以一直追溯到中华民族的始祖神炎黄族系，根据《路史·国名纪》的记载，黄帝的母亲叫吴枢，炎帝也有一个臣子叫吴权。吴人最初居住在现在的山西、陕西一带，随着炎帝族系和黄帝部族向东扩展，吴人大规模东迁。到尧舜时代，吴人已经有许多支系迁居到东南海滨长江三角洲一带，从而告别了原始森林，去征服波涛汹涌的江海。公元前476年，越王勾践灭吴，国破家亡之后，吴姓子孙辗转迁徙，在漫长的历史进化过程中，出现了许许多多风云人物：战国时的军事家吴起，秦代农民起义领袖吴广，西汉长沙王吴芮，东汉名将吴汉，南梁文学家吴均，唐代画圣吴道子，宋代抗金英雄吴玠，吴磷兄弟，明代开国元勋吴良，清代小说家吴趼人，太平天国顾王吴如孝……。这一串长长的名单，也是中华民族历史天幕上一颗颗夺目的明星。吴姓不仅是中华民族大家庭的一支优秀族姓，而且他们的成功，在海外也令人瞩目：吴太伯后裔，衍化为日本皇室；吴姓分支夫余氏，在朝鲜称雄百济王室；吴权创立越南独立王朝；此外，缅甸总理吴奈温，新加坡总理吴作栋、前总理吴庆瑞，美籍著名物理学家吴健雄……都是吴姓子孙，都在吴姓族谱中留下了辉煌的一页。

姓，是宗族的文化标记。有了姓，就表明得到了某个宗族的承认，所谓“天下同姓是一家”，就是这个意思；相反，没有姓，就是一个没有历史背景、来路不明的人，一个社会地位低下的人。所以，一个人不知道自己姓什么，常常被认为是最不幸的人。中国文学作品描写某个人的不幸身世，常常说他没有姓。

由于姓是宗族的徽号，同姓的人可能有着一定的血缘关系，所以中国古代很多地区，尤其是汉族居住的地区，从周代开始，就禁止同姓通婚。“男女同姓，其生不蕃。”同姓男女结婚，不利于繁衍后代，这也许是中国最早的优生学观点。

在中国封建社会里，姓常常成为个人身份、荣誉的象征。如果一个人被皇帝赐姓，将被视为至高无上的光荣。唐代初年的大将李勣，本来姓徐，就是因为有功于朝廷，被赐予皇帝同姓的，这是封建皇帝对臣子的最高赏赐。

姓氏，看上去好像只是一个简单的符号，但是，千万不要小看了这些符号，它里面的学问，既博大又精深，它广泛涉及语言学、历史学、考古学、民族学、文化学、统计学等多种学科。比如：《左传·昭公二十五年》记录了一个人名叫“郈昭伯”、《汉书·五行志》写作“后昭伯”、《汉书·古今人表》写作“厚昭伯”，历史学家认为郈昭伯、后昭伯、厚昭伯是同一个人，东汉王符《潜夫论·志氏姓第三十五》考求了邱、后、厚是同一个姓氏的不同写法；再如“苦成”这个姓氏，由于方言关系，音变为“库成”；“申屠”这个姓氏，由于音近变为“胜屠”，这些，都是姓氏背后的知识。

中国历代有很多学者，十分重视研究姓氏，从汉代到清代，有关姓氏的著作至少有三百多卷。另外，像《唐韵》、《广韵》、《集韵》、《正字通》、《字汇》、《日知录》、《康熙字典》等，或注明姓氏源流，或注明姓氏用字，或考求姓氏问题，古人的这些研究成果，为我们查考姓氏的字形、读音、来源、演变、分布等情况，提供了丰富的资料。

《说文解字》是怎么成书的？

汉字有几千几万，对初学的人来说，又难认又难记，即使不是初学者，也会觉得方块汉字不太好学，这么多的汉字，它们之间有没有什么规律呢？能不能找出它的规律，再根据这种规律对汉字进行归类，然后把它们按照不同的类编成一本工具书，供人们查检和研究呢？早在1900多年前，就有一位大学者想到了这个问题，并且自己动手完成了这项艰巨的工作，这位大学者，就是在中国语言学史上名垂千古的许慎。

许慎，出生在汉明帝永平初年（大约公元58年），汝南召陵（今河南郾城）人，字叔重。当过汝南郡功曹，掌管人事，参与一郡的政务。后来被举为孝廉，当过太尉府祭酒，曾经就学于经学大师贾逵，后来成为第一流的古文经学家。《后汉书》说许慎“博学经籍”，当时有“五经无双许叔重”的赞语。许慎认识到文字的重要，认为文字是“前人所以垂后，后人所以识古”的工具。于是，他就开始研究汉字的规律，分析了近万个汉字，发现了汉字的形体和意义之间的关系，归纳出了540个汉字的部首，编成了一部字典，取名叫《说文解字》。

许 慎

许慎把形体单一，不能再分为两个字的象形字和指事字，称作“文”；把两个以上的字组成的会意字和形声字，称作“字”。“说文”，是说字的文，重点在字形分析；“解字”，是解字的义，重点在字义分析。比如“天”

字，许慎解释说“颠也，至高无上”，这是解释字义（解字）；许慎说“天”字“从一大”，这是分析字形（说文）：“天”的字形是“一”下面一个“大”。分析字形和解释字义合起来，就是《说文解字》，后世简称《说文》。

《说文》总共十五卷，每卷都分上下，从第一卷到第十四卷是正文，第十五卷上是叙和部首，卷下是后叙。这部字典收列了9353个字（这大概是东汉时期汉字的总数）。字体以小篆为主，也采用一些秦国使用的籀（zhòu）文和六国古文。

全书540个部首，按照始“一”终“亥”的顺序排列，部首绝大多数是形符（意符），只有少数部首是声符。同一个部首的字，把意义相近的排一起，比如“言”部，许慎认为“诗”、“讖”、“讽”、“诵”这几个字意义相近；“讪”、“诬”、“诽”、“谤”这几个字意义相近，于是就把它们分作两组排列，用许慎的话说，这叫“以类相从，不相杂越”。这八个字说起来轻巧，要真正做到可真不容易呢，我们可以想象得出，许慎在这上面花了多少心血。

《说文》是中国第一部系统地分析字形、说解字义（有时也辨识读音）的工具书，也是中国字典的鼻祖。它首创了按汉字偏旁分部编排的方法，对后代字书编纂产生了很大的影响，并且一直是编字典的一种主要体例。即使近代人编的古字典，也还是脱不了《说文》编排方法的模子。

其实，《说文》的价值并不像它的全名所显示的，只是“说文解字”。许慎的儿子说这部书“六艺群书之诂皆训其意，而天地、鬼神、山川、草木、鸟兽、昆虫、杂物、奇怪、王制、礼仪、世间人事、莫不毕载”。可以说，《说文》是一座知识的宝库。

《说文》的编纂，是在汉和帝永元十二年（公元100年）完成的，安帝建光元年（公元121年）由许慎的儿子献给朝廷。此后不到100年，《说文》就广为流行了。汉代郑玄注《周礼》、《礼记》，应劭作《风俗通》，都大量引证《说文》。到唐代，甚至用《说文》等字书取士。可见《说文》在当时的影响。

由于《说文》的学术价值很大，汉以后历代都有研究《说文》的著作，单说清代，就有100多种研究《说文》的著作。像段玉裁、朱骏声这些清代著名学者，几乎都是用一生的精力在研究《说文》。

当然，由于古代资料的限制和古人在认识上的局限，《说文解字》不可能全部“说解”得准确无误，但是这无损于《说文》在中国语言学史上的价值。在人类文化还不太发达的1900多年前，一位中国学者创造了这样一部完整系统的字典，这是炎黄子孙的骄傲。

《九章算术》是如何成书的？

在唐代，中国当时的最高学府国子监内设有“算学馆”。算学馆里，算学博士（古代学官名）指导几十个学生研习数学，他们的必读书叫“算经十书”。

“算经十书”是我国古代最出色的10本数学著作，其中有一本就是《九章算术》。这是一本在中国数学史上占有重要地位的数学巨著。

《九章算术》的成书年代大约在公元1世纪的东汉时期，距今也已近2000年。它是一本我国古代数学问题的题解集，对我国先秦到东汉初年的数学成就作了全面的总结。全书收集了246个数学问题，分为方田、粟米、衰分、少广、商功、均输、盈不足、方程、勾股等九章，所以叫《九章算术》。

中国的汉代，生产和科学技术都有了巨大的发展。《九章算术》就是适应社会生产和科技发展的实际需要而产生的。

“方田章”讲测量田地面积的计算方法，介绍分数四则运算。根据现有的史料，《九章算术》是世界上最早讲述分数运算法则的文献。

“粟米章”讲解粮食交易的简单比例计算。“衰分章”和“均输章”研究如何按比例分配赋税与徭役。“盈不足章”根据两次假设所得出的盈余或不足，来推算问题的答案。这种数学方法被欧洲人称为“中国算法”。

“少广章”介绍开平方和开立方的算法。“商功章”研究土木工程中各种体积的计算。“勾股章”讲解勾股定理的应用和简单的测量计算，并提出了二次方程的筹算解法。

“方程章”详细讨论了多元一次方程组的解法，并引进了正负数的概念及正负数的加减运算法则。这两项内容是中国古代数学对世界数学发展的杰出贡献。《九章算术》中的负数概念比印度人巴士卡洛早1000多年，比欧洲人就更早得多了。“方程章”指出：“两算得失相反，要令正负以名之。”因为当时是用算筹来进行计算，所以便规定红筹为正，黑筹为负；或将算筹直列为正，斜放为负。“方程章”完整地叙述了正负数的加减运算法则——“正负术”，但没有完全解决正负数的乘除运算问题。“负负得正”这一乘除运算法则，直到公元11世纪的宋代才被阐明。尽管如此，中国还是世界数学史上最早阐明这一运算法则的国家。

“方程章”中共收集了18题在实际生产活动中提出的多元一次方程组的问题，并详尽地研究了怎样解这类问题（解法称作“方程术”）。

《九章算术》是中国古代数学史上一座光辉的里程碑，对以后我国数学的发展产生了深远的影响。

《本草纲目》是如何成书的？

你去过南京的中山植物园吗？园里有一个药物园，各种草药植物郁郁葱葱。在园内有一个李时珍纪念馆，纪念这位历经30年艰辛，编撰了《本草纲目》的明代著名药物学家。

《本草纲目》是我国古代医药著作中的一颗明珠，它共有50卷，分为16部，62类，载入药方11096个，同时还绘制了1110幅插图，形象地展现了各种药物的不同形态，以便于人们辨认。19世纪英国著名的生物学家达尔文在《人类的由来》一书中，盛赞《本草纲目》是中国古代医学的“百科全书”。

公元1518年，李时珍出生在湖北蕲州（今湖北蕲春县）一个世代行医的家庭。他父亲医术精湛，曾出任过太医院吏目，晚年辞官回家，在本地玄妙观给人治病，名声很大。由于受家庭环境的影响，李时珍自幼爱好医学，并能辨认许多药草。

后来，李时珍在自己的行医实践中，积累了丰富的医药知识。他根据自己的实践，同时查阅了800余种医学著作和其他古代书籍，经过3次较大的修改，历时30年，用顽强的毅力和艰苦的劳动，完成了这部不朽的巨著——《本草纲目》。

李时珍

李时珍20岁那年，因应付考试，积劳过度，患上肺结核，一病不起。他自己选用柴胡、麦冬、竹沥诸药煎服，可是病情反而加重了。后来他父亲让他改用了一味黄芩汤，很快他烧也退了，咳也止了。此事对李时珍的触动很大，病愈后他认真地钻研古典医籍和历代名家著述，还深入山间田野，实地对照、辨认药物，逐步提高了对药物的研究能力。

李时珍医术高明，他能灵活地掌握各种药方和民间的“单方”、“验方”。有一次，当地的皇族荆王的妃子食物过量，与人争吵后得了急性胃炎，肚子痛得直打滚，许多医生用泻药、吐药都不见效，反而加重了病情，大便也不通了。李时珍经过仔细诊察，发现她的病与一般的胃炎不同，便根据医书的记载和自己行医的实践经验，开了几味中草药，王妃服后，肚痛立止，大便也畅通了，病很快就好了。

还有一位妇女患腹痛腹泻5年，一直治不好，李时珍别出心裁地用巴豆制成丸药，让病人服下，很快痊愈。巴豆本是一种气味辛热的泻药，泻药为什么能治腹泻呢？原来李时珍分析，病人脾胃久伤，冷积凝滞致病，所以用热泻法袪寒止泻。他在总结这种创造性治法时说，只要配合得法，药和病就能对症。

有位老汉，长期屙痢，腹部剧痛，生命垂危，家人已为他准备棺木。李时珍诊断他是气不行才痛，即用延胡索三钱用米汤调服，果然一剂服下，病人转危为安。延胡是行气止痛、活血化瘀的良药，李时珍灵活运用，便收到了意想不到的疗效。

李时珍体贴老百姓的疾苦，善于用便宜的草药给他们治病。农村里有的小孩有各种怪癖，爱吃灯花，吃泥土，吃生米。其实这是因为这些小孩腹内有钩虫，李时珍就用槟榔、使君子等让小孩服下，很快打下虫子。

有位老者，常年大便稀溏，脐腹部虚冷作痛。李时珍就选用艾叶，用布袋装好，紧缠在老人的脐腹部。经过一段时间，老人的病痛果然消除了。原来艾叶气味辛温，有散寒止痛之功效。这种治疗方法既简单，又有奇效，以至李时珍自己日后说起，也不无感叹地说此法“妙不可言”。

李时珍对待病人总是热情接待，认真诊治。有一次，在严冬的夜里，有人请他出诊治病，他从温暖的被窝里立即爬起来出诊。患者是个妇女，气喘得非常厉害，浑身浮肿。李时珍对病人诊察后，先用麻黄止住她的气喘，再用茯苓、香薷（rú）等药，使小便通畅。只一天工夫，病人的浮肿便逐渐消退，经过几天的诊治，病人就痊愈了。

在李时珍的一生中，经他治好的病人难以计数，当地老百姓无不深深地感激他。

李时珍医术高明，临床经验丰富，这是他重视理论和实践的结果。他喜爱医学，喜读医书，但更注重实践。有一次他问父亲：“书上说白花蛇皮下面有 24 块斜方块的花纹，是真的吗？”父亲告诉他，自己捉一条来不是观察得更具体、实际嘛。李时珍认为父亲说得很对，就一个人爬上了凤凰山，捉到一条白花蛇，翻开一看，果然肚皮下面有 24 块斜方形的花纹。

从这件事，李时珍得到启示，他觉得在实践中看到的，比书上写的更真实，记得更牢。后来他带着疑难问题到处寻访，足迹踏遍了许多名山大川。他认真考察各地特产的药物，并虚心向老百姓请教，从他们口中知道了许多有关药物方面的宝贵知识，搜集了很多有效的秘方和单方。

一次，他路过河南境内的一个驿站，见到一些车把式围着一口烧煮食物的大锅闲聊，便走过去询问。车把式告诉他锅内煮的叫旋花，喝了这种汤可以补益损伤，治疗筋痛，消除疲劳。他立即把这件事记了下来，作为资料，日后写进书中。

李时珍在研究、撰写《本草纲目》时，对古书并不盲从，而是本着实事求是的科学态度详细分析。

在当时，传说有一种仙果，食之不死。山中道人，用蜜汁把这种果子腌好，把它作为上品贡献给皇帝。李时珍就登上武当山采回这种果实，经研究和品尝，发现这种名叫榔梅的所谓“仙果”，是武当山的特产，只是经过前人嫁接而变形的一种榆树果实，其味又甜又酸，与寻常果实并无多大差别，只不过能“生津止渴”和“消酒”罢了。这就揭穿了“仙果”的真相。

李时珍的一生是继承和发扬我国古代医药学宝贵遗产的一生，是为发展我国医药事业奉献毕生精力的一生。他从30来岁开始动笔编写《本草纲目》，直至60多岁才完稿。在这近30来个年头中，他废寝忘食，惨淡经营，把整个身心都凝聚在攀登医药高峰和造福子孙万代的伟大事业中。这部著作出版后，立刻就风靡全国，人们争相传诵，受到广泛的欢迎。17世纪初，这本书又传入日本，并由日本医学界译成日文在日本出版。以后又先后出现德文、法文、英文、俄文等译本，传到了世界各地。新中国成立后，李时珍的著作一版再版，他的生平事迹也早已被拍成电影，搬上了银幕。人们怀念他，传诵他一生的光辉业绩。

中国最早的词典是哪一部？

公元1612年，意大利佛罗伦萨学士院编出了第一部欧洲民族语词典《词集》，可是，大约早于《词集》1900多年，古老的东方就出现了一部体制完备的词典，这就是中国最早的一部分类解释词义的工具书——《尔雅》。

《尔雅》的“尔”，是近的意思，“雅”，是正的意思。汉代末年刘熙《释名》解释《尔雅》的含义是“五方之言不同，皆以近正为主也”。通俗地说，就是合乎规范的意思。《尔雅》的作者是谁，历来说法不一样。一般认为此书是春秋以后的学者们解释古籍经典中词语的记录，在流传过程中，不断地有一些增补，到了西汉初年（大约公元前3世纪），加工整理成一部词典。

《汉书·艺文志》记载的《尔雅》，是三卷二十篇，我们现在见到的《尔雅》分十九篇。十九篇的名称是：释诂、释言、释训、释亲、释宫、释器、释乐、释天、释地、释丘、释山、释水、释草、释木、释虫、释鱼、释鸟、释兽、释畜。

第一至三篇都是解释词语的，其中释诂解释古词，释言解释动词和一部分形容词，释训解释叠音词和短语。解释的时候，按照“近（尔）正（雅）”的方法，把意义相近的词归为一组，后面用一个当时的规范（雅）词去解释，所以，《尔雅》解释词义的方法，很能体现《尔雅》这个名称的含义。比如：

初、哉、首、基、肇、祖、元、胎、俶、落、权舆、始也。（释名）

般、齐、中也。（释言）

明工、斤斤、察也。（释训）

被解释的词，在当时都是一些近义词，这些词的古义，有的我们今天还能用到，比如：“南京大桥落成典礼”的“落”，就是“始”的意思，所以，《尔雅》把“落”和一些近义词都解释为“始也”。

第四篇释亲是解释亲属的古称，比如：

父为考，母为妣。

中国有句成语叫“如丧考妣”，意思就是像死了父亲母亲那样悲痛。

第五至七篇都是解释各种建筑名称、器物名称和乐器名称的。比如：

正门谓之应门。（释宫）

木豆谓之豆，竹豆谓之笾，瓦豆谓之登。（释器）

大琴谓之离。（释乐）

第八、九两篇都是解释天文气象、地域区划的。比如：

穹苍，苍天也。春为苍天，夏为吴天，秋为旻（mín）天，冬为上天。（释天）

两河间曰冀州。河南曰豫州。(释地)

第十至十二篇是解释丘陵、山岳、河川名称的；第十三篇以后都是解释各种植物、动物名称的。

《尔雅》不仅是一部解释词义的工具书，也是后人考证古代词语、名物的重要资料，所以，古人把《尔雅》归入“十三经”，把它当作儒家经典之一。

《尔雅》不仅在中国语言学史上占有重要地位，而且也是研究中国古代文化的重要资料，由于它的重要地位，后人仿写《尔雅》的书很多，比较著名的有：

汉代的《小尔雅》，全书十三章，分为广诂、广言、广训、广义、广名、广服、广器、广物、广鸟、广兽、广度、广量、广衡，增补《尔雅》解释得不完备或没有解释的词语、名物。

宋代有陆佃的《埤雅》，罗愿的《尔雅翼》。

明代朱谋玮的《骈雅》，方以智的《通雅》。清代仿《尔雅》的书最多，有《别雅》、《拾雅》、《比雅》、《叠雅》、《西域尔雅》等。

从《尔雅》到历代的《尔雅》注本，再到历代仿《尔雅》的“群雅”，共同展现了中华民族灿烂的古代文化。

歇后语是怎么来的？

说起来，歇后语的名称还有点儿名不符实。如：

阎王出告示——鬼话连篇

张飞穿针——大眼瞪小眼

老鼠给猫理胡子——拼命巴结

搅屎棍——闻（文）不得，舞（武）不得

这些歇后语，都没有“歇后”也不能“歇后”——都没有、也不能把破折号后面的半截子话拿掉，如果试着把它们的后半截子拿掉，光剩下破折号前面的半截子话，人们读到、听到之后会怎么想，这可不太容易推测。

不过，有一点是肯定的：除非是非常熟悉这些歇后语的人，否则，他大概不太可能补出被拿掉的后半截子话。他们也许会想——

"阎王出告示"，真是新鲜事儿！

"张飞穿针"，是不是幅漫画？

"老鼠给猫理胡子"，不怕被吃了吗？

"搅屎棍"，浊物，提它干吗？

生活经验、文化素养不同的人，会以不同的方式补出被拿掉的后半截子话，但是要让他们照原样补出被拿掉的成分，那可是"盲人剥蒜——瞎扯皮"。所以，歇后语一般不能"歇后"。

歇后语一般都是由两截子话构成的，它的前一部分像个"引子"，后部分像是"注释"，前"引"后"释"，重点是后面表示语义的"释"，如果把表示语义的"注释"给拿掉，剩下一个光秃秃的"引子"，别人怎么能够弄清楚你要表达的意思呢？那样的话，结果十有八九会是"瞎子看钟——观点不明"。

有一位研究歇后语的专家，曾经对《红楼梦》、《儒林外史》等500多部文学作品中出现的近5000条歇后语作了统计，发现歇后语"歇后"的，不到400条。这种"歇后"，情况比较复杂：有的是人们常见的歇后语，"歇后"不太影响表达效果；有的是根本不能"歇后"，而和省了后半截话；有的"歇后"了就不再是歇后语。

明明没有"歇后"，偏偏要叫歇后语，这不是名实不符吗？但是这种名不符实的歇后语，却是名副其实的"中国语言精粹"。它决没有"老鼠钻书袋——咬文嚼字"的艰涩，而是形象生动、风趣俏皮的群众语言，是根植在中国文化土壤里的一朵奇妙的语言之花，也许，正是因为这一点，人们才不去介意它的名实不符，而是更多地去注意它的意趣。

歇后语可以分成两大类。第一类是会意型的。比如：

关门做皇帝——自尊自大

屋顶上开门——六亲不认

驼子翻筋斗——两头落空

木匠戴枷锁——自作自受

王八吃西瓜——滚的滚，爬的爬

装鬼弄神照镜子——自己吓唬自己

这一类歇后语的前后两部分，有点像汉字中的会意字，两部分合起来，表示一个完整的意思。

另一类歇后语是谐音型的，比如：

老虎驾车——谁赶（敢）

外甥打灯笼——照舅（旧）

棉花店挂弓——不弹（谈）

坐飞机吹喇叭——响（想）的高

孔夫子搬家——净是书（输）

这一类歇后语的后一部分都是利用一些读音相同、相近的字来表达语义的。如果把被谐音的字——括号中的字拿掉，那么，全句的语义理解就要变样了。

歇后语的语义一般都是双关的：它表面上指的是甲，实际上指的是乙；字面上后半部分对前半部分进行解释，骨子里是另有新意。不管是会意型的，还是谐音型的，它产生语义的最基本的途径，就是一语双关。比如，“王八吃西瓜——滚的滚，爬的爬”，表面上是说想象中的王八吃西瓜的样子：王八爬、西瓜滚，但实际上是形容战斗中敌人溃不成军，抱头鼠窜的狼狈相。“老虎驾车——谁赶（敢）”，用“谁赶”对“老虎驾车”作字面上的解释，实际上它的真正语义是说某件事情没有人敢去做。

歇后语的前身可能是风人诗，这是魏晋六朝以后流行的一种民间诗体。风人诗的上句像是歇后语的“引子”，下句像是歇后语的“注释”。比如：蚊子叮铁牛，无渠下嘴处。唐代刘禹锡《竹枝词》里，有两句很有名的诗句：东边日出西边雨，道是无晴（情）却有晴（情）。这跟前“引”后“释”的歇后语就更加接近了。

歇后语大量出现在书面语中，是在金元杂剧兴起之后。杂剧的作者多半是下层知识分子，他们比较熟悉民间语汇，加上杂剧本身的口语化，这就使得杂剧成为最适合歇后语滋生的土壤。随着使用的增多，人们对歇后语越来越喜爱，渐渐地，这种语言形式也就登上了“大雅之堂”，在《红楼梦》等著名小说，都可以见到歇后语的运用，更说明了它的语言魅力。

为什么说贝多芬是音乐巨匠？

贝多芬于1770年12月16日诞生于莱茵河畔波恩的一个普通的音乐世家。波恩靠近法国，深受法国启蒙运动和资产阶级民主自由的思想影响，政治上、文化上都比较活跃。贝多芬的祖父是当地宫廷乐师，父亲是宫廷歌手。贝多芬幼年时学音乐完全是被迫的，挨过父亲严酷的拷打，他锻炼出了一手好钢琴，也锻炼了坚强不屈、独立自主的个性。他对政治、社会、哲学、文学有浓厚的兴趣。1789年的法国资产阶级大革命，深深地激励了19岁的贝多芬，他创作了一些反映政治激情的作品，如合唱曲《谁是自由人》等。他当时的创作风格仍离不开海顿、莫扎特的套数，但已透露出他所特有的个性与激情。

1792年，贝多芬带着幻想来到维也纳，开始时在上流社会活动，曾想过从贵族阶层中得到地位和爱情，可是都不成功。他的资产阶级自由平等意识和他的傲然独立的倔强性格，和贵族社会格格不入。1789年，法国革命政权的使节进驻维也纳，贝多芬不顾贵族社会的成见和维也纳警察的监视，经常出入法国大使的宅第，从那里进一步了解到法国革命所造成的社会变革和思想变革，这一切都对他的创作产生了直接的影响。以后的10年间，他进入了音乐创作的黄金时期。从1796年开始，他发现听觉出了问题，而后愈演愈烈。他忍受着巨大的痛苦，“扼住命运的咽喉”，经历着拿破仑战争和欧洲封建复辟等巨大的社会动荡，将自己对命运的含愤抗争，对自由的向往，全部倾注到音乐创作中去，深邃的戏剧性力量和富于反抗精神的创作风格在他的作品中成熟起来。从1803年第三交响乐《英雄》问世开始，直到1827年去世，这种风格成为他创作的主要特征。他改变了把第三交响乐献给拿破仑的想法，因为他崇拜的是为资产阶级共和国斗争的拿破仑，而不是后来称帝的拿破仑。这正是贝多芬民主思想的具体表现。如果问贝多芬对维也纳古典主义音乐的最大贡献是什么，那就是在他的音乐中倾注着巨大的激情，具有雄浑的气质和戏剧性力量，体现着资产阶级上升时期的民主理想和社会进步的企求。

贝多芬

贝多芬一生的重要创作有：9部交响乐，5部钢琴协奏曲，32首钢琴奏鸣曲，1部歌剧，此外还有小提琴协奏曲，各种形式的重奏作品及声乐作品，几乎涉及当时所有的音乐体裁。

贝多芬在音乐革新和发展方面，首先是对奏鸣曲式的表现力有着明显的扩展。当时的奏鸣曲式已经普遍应用于各种器乐体裁之中。在贝多芬笔下，奏鸣曲式各部分结构、对比，都有所扩大，每段的内部都包含着发展的因素，特别是在展开部中扩充得最为明显，远远超过了海顿与莫扎特奏鸣曲式的含量，使展开部充满了内在矛盾、戏剧性冲突与紧张的动力，以及丰富得多的内容。这是和贝多芬的雄浑深沉的乐思分不开的。

交响套曲中各乐章的组成也开始有所调整，气质典雅的宫廷小步舞曲，被贝多芬用豪放泼辣的谐谑曲或变奏曲所取代。

乐队的建制也扩充了，双管编制对贝多芬已经显得不够用，经常被他在某些章节中增加乐器，铜管与木管乐器被大胆的使用。这使管弦乐队的音色对比、音量和力度都大大增强，表现力更加丰富。

所有这些，都说明贝多芬作品所包含的思想内容、感情强度和深度、时代的精神、音乐的形象，都比他以前的先行者要博大、丰富得多。贝多芬既是古典主义音乐的主峰，又是浪漫主义乐派的先行者，他不愧是一位承先启后的音乐巨匠。

为什么说歌剧是一个国家音乐艺术发展水准的标志?

歌剧，顾名思义，就是以歌唱为主体的戏剧。它是一种以声乐、器乐为主，并融以舞蹈的哑剧，有时还插有道白，再加上灯光布景等组成的一种综合艺术。

在歌剧中，最能充分表现主人公的思想感情的是展开性的独唱，如咏叹调、咏叙调、宣叙调，其音乐创作技巧和声乐表现技巧，都有较高要求，是表达主人公思想感情的重要手段，是歌剧成败的关键所在。歌剧中的重唱、合唱是歌剧故事发展段落的归纳，对烘托气氛，完善人物性格的塑造起重要作用。乐队在歌剧的音乐发展中亦起举足轻重的作用，它常常包容了戏剧的基本内容，加深和补充戏剧情节，并对人物丰富而又复杂的心理加以揭示。舞美、灯光对歌剧整体效果的补充与完善正如人的衣饰一样，也是不可或缺的。由此可见，一部歌剧的创作、演出，既显示出了一个国家的声乐发展水平和表现能力，也显示出这个国家的交响乐队水平所达到的程度，同时也以其舞美、灯光显示出这个国家的整体文化、科学乃至国民经济的发展水平所达到的程度。

16 世纪末叶歌剧在意大利的佛罗伦萨产生，当初只为少数人服务，以后为人民大众所欢迎。歌剧也由欧洲大歌剧的模式发展为具有各国、各民族特色的民族歌剧艺术。

17 世纪中期，意大利的拿坡里歌剧传到法国。法国人在与意大利歌剧艺术的交往中，确立了具有法国芭蕾舞剧特色的法式歌剧。18 世纪中后期，德国著名歌剧作曲家格鲁克通过他的《奥菲欧与尤丽狄西》和《阿尔采斯特》，同低劣的歌剧陈规、过时的旧程式进行了顽强的斗争，他的歌剧音乐既庄严而又淳朴，清新而又典雅，使歌剧艺术更加真实，更加贴近生活。19 世纪，俄国作曲家格林卡，通过他的《伊万·苏萨宁》、《鲁斯兰与柳德米拉》使俄国有了富于自己民族特色的歌剧。

我国自上世纪二三十年代开始，就有一批音乐家在追寻富有中国特色的歌剧，直到1945年4月《白毛女》的产生，宣告我们有了被广大的音乐工作者和人民群众认可的歌剧。

歌剧有其重大的艺术意义和社会意义，还在于歌剧院的建立和使用。可以这样说：一个国家如果没有像样的歌剧院，大抵不会产生特别优异的歌剧，这是艺术生产关系对艺术生产力的影响的必然结果。意大利的斯卡拉歌剧院，于1778年8月3日落成，1867年改建，可容纳3000余名观众，1921年再度改建。著名的意大利作曲家威尔弟的《奥赛罗》、《法斯塔夫》，浦契尼的《蝴蝶夫人》、《图兰多特》均在该院作首次演出。英国的考文特花园，1732年落成，1808年失火，1809年重建，1856年二次失火，1858年再度重建，设备华美。1743年，德国作曲家亨德尔的著名歌剧《弥赛亚》在此演出，英王乔治二世在座。1810年~1824年，英国著名作曲家毕肖普在该院上演了50余部作品，包括著名的《甜蜜的家庭》。1826年，德国作曲家韦伯的歌剧《奥伯龙》在该院首场演出。1892年该院更名为皇家歌剧院，瓦格纳的《尼伯龙根的指环》在此演出。而美国纽约的大都会歌剧院自建院以来，仅威尔弟的《阿伊达》就演出300多场。

我国迄今为止，尚未建立名副其实的国家级歌剧院。据说，人民大会堂西侧辟有一片黄金地，留作建筑国家大剧院。可以想象，一旦国家大剧院建成，我国歌剧艺术将会焕发出新的生机。

中国的青山绿水画是如何形成的？

展子虔，渤海（今山东阳信县）人，北周末至隋初画家。历北齐、北周，入隋任朝散大夫、帐内都督。擅画人物、山水，人物描法细腻，以色晕染面部；画马入神，立马有走势，卧马有起跃之感。最工山水台阁，写山川远近，有咫尺千里之势。

《游春图》现藏故宫博物院，宋徽宗赵佶题签订为展子虔所画。此图为绢本青绿山水。它在不大的画幅里描绘了广阔的山川景色，表现出士大夫在明丽的山川中纵情游乐的情景。图中苍山起伏，湖水荡漾，贵族乘骑游于山水间，花木茂盛，春草如茵，成功地表现了春天大自然的美好景色。此画虽仍带有早期山水画古拙的面貌，还没有完全摆脱绘画中的装饰趣味，但山形、水势和树石，各有其形象特征。在技法上主要是勾勒而很少皴擦，青绿赋色，缺乏细部的变化，但整体感很强，浑然天成，自成气韵。《游春图》不是展子虔的原作，可能为中唐的摹本，但从风格技巧上仍可窥见展子虔绘画的面貌及同时代山水画的成就。

《游春图》所表现的技法与风格上的特点开创了青绿山水画的端绪。唐代李思训、李昭道父子的"金碧辉映"的山水画，就是继承和发展了展子虔的风格形成的。

《游春图》

李思训（公元651～718年），字建，成纪（今甘肃天水）人。唐高宗时任江都令，武则天当政后弃官隐居，神龙年间出任宗正卿，玄宗时任左武卫大将军。工书法，尤擅画山水树石，笔力遒劲，格调细密。唐张彦远称他的画："笔力遒劲，湍濑潺湲，云霞缥缈，时睹神仙之事，窅（yǎo）然岩峻之幽。"他所画的山水为青绿山水，以青绿为质，以金碧为纹，富于较强的装饰性，显得富丽堂皇，这种风格，适应了盛唐时期宫廷和达官显贵的爱好。他的画风源自于隋代展子虔，并发展了六朝以来色彩表现的形式。因此朱景玄称其为"国朝山水第一，列为神品"。元朝的汤垕（hòu）也说："李思训画着色山水，用金碧辉映，为一家之法。"明代董其昌推之为"北宗之祖"。他的代表作品有《江帆楼阁图》。《江帆楼阁图》现藏台北，为一幅大青绿山水，图中山峦临江，长松秀岭掩映屋宇，庭院幽静，游骑散于水滨，域的上部有波光粼粼的湖水，画境开阔，傅色古艳，笔墨超轶。

李昭道为李思训的儿子，人称"小李将军"，继承其父的绘画风格，并稍有发展，唐张彦远评他"变父之势，妙又过之"。他的代表作品有《明皇幸蜀图》、《春山行旅图》、《海岸图》、《海天落日图》等。《明皇幸蜀图》、《春山行旅图》均藏台北，为绢本，设色。《明皇幸蜀图》画崇山峻岭直插云霄，山径迂回，栈道曲曲盘绕，浩大的骑行队列蜿蜒于山中。全画细笔勾勒，无皴法，用石青、石绿重彩点染。《春山行旅图》画悬崖峭壁，白云缭绕，树木苍郁，游人点缀其间，以细笔勾勒，尺幅之间，极云光山影之变。

李思训、李昭道所创造的青绿山水画的风格，发展了隋代展子虔的青绿山水画，形成了早期山水画的样式，为晚唐、五代山水画的成熟准备了条件。

“明四家”是谁？

沈周、文征明、唐寅、仇英被称为“明四家”。他们大体活动于明中叶，以苏州地区为中心，其画风曾左右一时，成为当时画坛的中心力量与典型代表。

沈周，字启南，号石田、白石翁。山水、人物、花卉、鱼禽皆超妙。早年刻苦追摹传统，对董源、巨然、李成和元四家皆有心印。因此有人形容其画风是从“上下千载，纵横百辈”中而来。沈周作图高山巨壑，气势雄强。另外沈周也有大量的记游山水作品。其生平好游，足迹遍及大江南北，每到一处必写景作画，并赋诗纪事，因此这类作品极富美感和抒情性。沈周常作花卉、禽鸟作品，对景写生，很有生活情趣。晚年作品笔墨舒展随意，然而却是因为沈周“败管几万，打熬过来，故笔无虚着，机有神行，得力处正是不费力处”。沈周晚年名望很高，再加之一生不曾为官，故许多人对其十分倾慕，求画者挤破其门，所乘的船也堵塞了河港。拜沈周为师者甚众，以文征明、唐寅最为知名。其流风弥漫，蔚然成派，故一般以沈周为“吴派”之开创者。

文征明，名璧，号衡山，是“吴派”的中坚。诗、书、画皆超妙，其山水画初以郭熙、李唐、王蒙、赵孟頫为追摹对象，并参以沈周作风。早年画风细致精密，青绿山水为多，有秀逸之气。中年后则行笔渐放，重山水气势，丘壑布陈，以水墨擅长。晚年精细兼备。文征明山水题材以表现江南实景为多，再现了苏州一带的秀丽湖山，也有描绘劳动生活的作品。还有一些临仿古人之作，造型笔墨力追前人，但仍能表现出真切的感情。除山水外，文征明兼擅花卉、人物。常作意笔兰、竹，也作菊、水仙。画史云："以风意写兰，以雨意写竹"。画兰最著名，秀丽婉润，有"文兰"之誉。

唐寅，字伯虎，号六如居士。幼小聪明绝殊，学习刻苦。弘治十一年（1498 年）乡试第一。次年因"鬻（yù）题受贿"案牵连。经过这次打击，唐寅放浪形骸，遍游江南湖海之胜，宣泄失意的苦闷，并且更寄情于书画，开始了他后半生的诗文书画创作活动。唐寅早年师法周臣，继承了李成、范宽和南宋四家的传统，对元代赵孟頫、黄公望、王蒙的画法，皆有心印。唐寅的绘画作品取材广泛，形式技法充满变化。他不仅擅长山水人物，写意花鸟也颇具特色。更值得推崇的是唐寅在作品意境的创造上极富诗意。晚年的作品，不少表现社会生活，很有趣味。

仇英，字实父，号十洲，工匠出身。少年时从周臣学画，继承了南宋马夏传统。16 岁时，结识文征明等名流，受到士大夫阶层的赏识和熏陶。后曾入嘉定项家临摹古画，"凡唐宋名笔无不临摹，皆有稿本，其规仿之迹，自能夺真"。仇英刻苦临仿前人作品，深得古代艺术之熏染，又能取百家之长，参以己意，自成一格。《清河书画舫》称他山石学王维，林木学李成，人物学吴元瑜，设色学赵伯驹，资众家之长而混合之，样样臻妙。"秀雅纤丽"是仇英最受人称道的绘画风格，仇英在吸收传统的工笔重彩技法的同时，融合了与时代相适应的审美理想，不仅显示了高超的技艺，也达到了雅俗共赏的境界。

为什么话剧里也有音乐和舞蹈？

音乐、唱歌、舞蹈在话剧里可以有，也可以没有，要看具体剧情和导演意图而定。话剧中如果有音乐、唱歌，大致出于两种情况。一是规定情景中原本就有"音乐源"，譬如剧情发生在应有音乐气氛的公园、茶座、歌厅，在这种场合音乐是表现环境真实性的一部分，非有不可；另一种是剧情规定剧中人有音乐有歌唱，比如《蔡文姬》中剧本规定蔡文姬弹筝，唱《胡笳十八拍》，因此这出戏里古典音乐和歌唱成为很重要的部分。如《喧闹的夏天》的剧情规定中就有分量很重的通俗歌曲的演唱和现代舞蹈。再如《屈原》，一开头就是屈原抚琴，传出《桔颂》的音乐。在规定情境中有演奏、有唱有舞的场面，演员就得来“真格儿”的，如果演员没这方面的本事，那就只好放录音了。不过这样做，观众常能听得出来，就会损害演出的真实感，所以有素养的演员就亲自演奏和歌唱。比如《蔡文姬》中的《胡笳十八拍》就是著名话剧表演艺术家朱琳亲自唱的。《喧闹的夏天》中许多通俗歌曲及现代舞蹈也是演员自唱自跳的。

话剧中另一种音乐不是剧情规定中非有不可的，是导演为了烘托剧情、制造氛围而有针对性地加上去的。比如表现悲凉凄楚的场面时，响起了悲怆的二胡名曲《江河水》。

话剧中另一种音乐是揭示性的，是导演与作曲配合，以音乐语言揭示人物内心世界。

《蔡文姬》剧照

这几年来，有些导演把音乐吸收进话剧的舞台语汇中，如《桑树坪纪事》中，剧情进展到一定时候，剧中人跳出剧情，成为歌队，而所唱的歌和曲调与剧情并无直接关系。这是作家和导演一种态度的流露，造成了奇妙的现代文明与落后现象同时并存而产生的不协调感和嘲谑感。此剧中的“打牛舞”与剧情、人物相呼应，演来真是悲怆凄切。王贵导演的《海峡情祭》演的是海峡两岸亲人的阔别与团聚，两场之间走出一个穿现代城市青年装的小伙子，拿着话筒唱了一支通俗歌曲《寂寞的沙滩》，与剧情毫无关系，导演借此造成一种间离效果和别具一格的情调。

现代青年热衷于流行歌曲及现代舞蹈。沈阳话剧团根据台湾同名电影改编的《搭错车》，由于演的是一个歌女成名前后的人生遭遇，剧中人的生活与歌舞紧密相关，因此剧中有大量的歌与舞。这歌舞既是剧中人生活的再现，也对剧情及主人公命运起烘托、揭示的作用。剧中有大量高难度舞蹈，一般演员难以完成，只得由京剧科班出身的女演员来扮演。由于歌舞占的比重太大了，干脆叫做音乐歌舞故事剧了。

京剧的“四大名旦”都是谁？

京剧“四大名旦”在上世纪20年代已被人们公认，他们是享誉京剧舞台的四位男性旦角演员：梅兰芳、程砚秋、荀慧生、尚小云。他们的演唱艺术可谓登峰造极，直至今日，活跃在舞台上的几代旦角演员多是他们的传人或再传弟子，其他行当和其他剧种的演员也有不少吸收了他们的表演艺术。

四大名旦

梅兰芳（1894～1961），名澜，字畹华，乳名裙姊。汉族，江苏泰州人，长期寓居北京。出身于梨园世家，8岁学戏，9岁拜吴菱仙为师学青衣，10岁登台。4岁丧母，12岁丧父，伯父典于云和堂私寓。工青衣，兼演刀马旦。后又求教于秦稚芬和胡二庚学花旦。他刻苦学习昆曲、练武功，广泛观摩旦角本工戏和其他各行角色的演出，经过长期的舞台实践，对京剧旦角的唱腔、念白、舞蹈、音乐、服装、化妆等各方面都有所创造发展，形成了自己的艺术风格，世称“梅派”。

梅兰芳

梅兰芳在艺术上的卓越成就引起了国外人士的重视，曾于1949年前先后赴日本、美国、苏联演出，并荣获美国波摩那学院和南加州大学的荣誉文学博士学位。梅先生还是一位伟大的爱国主义者，抗战期间蓄须明志，拒绝演出，靠写字卖画为生。解放后历任中国京剧院院长、中国戏曲研究院院长、中国文学艺术界联合会副主席、中国戏剧家协会副主席。1959年，加入中国共产党，并以65岁高龄，排演了最后一出新戏《穆桂英挂帅》。1961年8月8日因心脏病发作，在北京病逝。终年67岁。

程砚秋

程砚秋（1904～1958），满族，原名承麟，后改姓程，艺名程菊农，又改艳秋，字玉霜。1932年后改名砚秋，字御霜。6岁学艺，习武生，后改青衣。他博采众长，拜梅兰芳为师，并受教于王瑶卿。他功底深厚，表情细腻，唱腔委婉深沉，低回幽咽，韵味无穷，世称“程派”。他能戏甚多，以擅演悲剧著称。曾排演不少富于爱国思想和民主思想的剧目，如反映战争灾难的《荒山泪》、《春闺梦》，痛斥卖国投降的《亡蜀鉴》，歌颂热爱民族的《文姬归汉》。为受迫害的善良妇女鸣不平的《青霜剑》、《窦娥冤》、《鸳鸯冢》等。在抗日战争时，他身居沦陷区，不愿为敌伪歌舞升平，毅然隐居京郊青龙桥，辍演务农。他曾赴欧洲考察戏剧，又创办中华戏曲专科学校。解放后，致力于总结艺术经验，在第一届全国戏曲会演上获荣誉奖。所演《荒山泪》曾拍成电影。1957年经周恩来同志介绍加入中国共产党。他的传人有新艳秋、赵荣琛、王吟秋、李世济、张曼玲等。

荀慧生（1900～1968），河北东光县人，原名词。幼家贫学戏，8岁入三乐社科班学梆子花旦，13岁以“白牡丹”为艺名登台演出。后又学京剧旦脚，得吴菱仙、路三宝、王瑶卿的教益，广采博收，自成一家，世称

"荀派"。他嗓音娇柔甜美，念白清脆流丽，表演细腻洒脱，生活气息浓厚，青衣、花旦、闺门旦、刀马旦的戏无所不能。他排演的新剧目数十出，代表作有《钗头凤》、《红楼二尤》、《鱼藻宫》、《香罗带》、《荆钗记》、《杜十娘》、《红娘》、《荀灌娘》、《十三妹》、《棋盘山》、《丹青引》等。传人有童芷苓、吴素秋、赵燕侠、宋长荣、刘长瑜等。

荀慧生

尚小云（1900～1976），字绮霞，河北南宫人。9 岁入三乐社科班学武生，后改学青衣，艺名尚三锡。三乐社改名正乐社，他与同科的白牡丹、芙蓉草（赵桐珊）并称"正乐三杰"。后向孙怡云、陈德霖、王瑶卿请艺。他嗓音高亢刚劲，铿锵有力。他编演的新戏很多，《摩登伽女》最早吸收西洋舞蹈入京剧；又排演了不少表现巾帼英雄、女侠的戏，如《梁红玉》、《秦良玉》、《峨眉剑》、《青城十九侠》等。《汉明妃》、《乾坤福寿镜》两戏曾拍成影片。他为人豪爽，疏财仗义，济困扶危，颇受同业尊重。他创办的荣春社科班，培养了不少京剧演员。传人有雪艳琴（黄咏霓）、赵啸澜、黄玉华、梁秀娟、杨荣环、尚长麟等。

尚小云

建筑艺术

万里长城为何被称为建筑奇观？

欧洲人有一句谚语，叫“万里长城最长，学汉语最难”。中国的万里长城，英语译为“伟大 f 的城墙”。当年的长城修筑者不会想到，这一用以防御外敌入侵的边墙，如今会变成中华民族的伟大象征，甚至是全人类的骄傲。据说美国的宇航员在太空飞行中，唯一能看见的地球上的建筑，就是中国的万里长城。

当年“孟姜女哭长城”的地方，如今已成了中外闻名的风景旅游点，那痛苦哀怨的悲叹，已变作了“万里长城万里长，长城脚下是故乡”的骄傲的吟唱。历史沧桑，古人已逝。而他们的创造物却依旧屹立在祖国的大地上，从东到西，绵延万里，宛如一条巨龙，扑向汪洋大海。这就是我们中国的万里长城。

万里长城

西方人说“罗马城不是一夜修建的”，中国的万里长城更不是一朝一代的建筑物。

在习惯上，我们总是把万里长城与秦始皇联系在一起，那固然不能算错，但若以为长城只是秦代的建筑可就大谬不然了。实际上，秦始皇之前的三四百年，春秋时代的齐国（在今山东境内）就在今山东中部地区筑起了一条东西走向的长城。

约与齐同时，南方的楚国又在伏牛山麓，筑起了一条南北走向的长城，称作“方城”，有效地抵御了北方强大势力的进攻。

春秋战国之际，秦、魏、赵、燕等诸侯国为防御北方匈奴等游牧民族的入侵，亦各自在边界上筑起城墙。燕国从今河北省宣化北部到辽宁省辽阳一带，修了一条500多千米的长城；赵国从今河北省蔚县到黄河河套西北，也修了500多千米的长城；秦国从今甘肃岷县到陕西东北、黄河西岸，修了1500多千米的长城。

公元前221年，秦始皇灭六国，胜匈奴，建立了空前统一强大的秦帝国，开始动用大量的人力、物力、财力，大规模地修筑长城，把原来秦、燕、赵等国的分段长城连接起来，并加以增修。连接起来的长城西起甘肃临洮，东至辽东，绵延万里。只不过，我们今天在山海关、北京八达岭等地看到的长城并不是秦代的长城。秦始皇时修建的长城在我们今天所见的长城以北很远很远的地方。

今天展现在我们面前的长城，就是明朝在前代的基础上修筑起来的。它西起甘肃的嘉峪关，经宁夏、陕西、内蒙、山西、河北、北京，东到河北的山海关，全长0.6万多千米，通称万里长城。清朝入关以后，大规模修长城就停止了。

长城从公元前7世纪出现，至公元16世纪修筑终止，前后有2000多年漫长的历史。

如果我们把历朝历代所修筑的长城加起来，总长度大约有5万千米以上，足以绕地球赤道一圈还多！有人还统计过，如果将明代长城的砖石和土方用来修筑一条宽5米、厚35厘米的路，那么这条路可以绕地球3周多。

长城记录了中国历史上的战乱和灾难，无论是修筑它、保卫它还是攻占它，都付出了难以估量的代价。在中国古代，长城与战争紧密相连，它本身就是为战争而修筑的工事。

而今，时过境迁，长城已成历史文物。它被列为世界伟大的工程之一，不仅因为它长，还因为长城的城墙、城堡（城）、关隘以及与之配套的烽火台（古称烽燧、烟墩等）都是雄伟高大的建筑物，十分精致壮观，而且这些建筑物又多建在高山峻岭之上，城墙沿山脊蜿蜒起伏，通过无数悬崖深谷，显得格外雄奇险峻。

明代的长城可分作镇城、路城、卫城、关城、堡城、城墙、敌台、烟墩等部分，形成一个庞大而又完整的军事防御系统，当然也是一个精致而坚实的建筑体系。

长城的主体是城墙。以山西以东至山海关一段城墙为例，它的断面呈梯形，下宽上窄，平均底宽6米，顶宽5米，高达6.6米，内筑夯土，外砌整齐条石和特大城砖。城墙顶部可容五马并骑、十人并行，地面用三四层砖铺砌，城顶两侧还砌有砖墙。内侧砌成高约1米的女墙（矮墙），外侧砌成1.6米高的垛口。每一垛口上面有一瞭望洞，下面有一射击眼。城墙上还有排水沟和吐水嘴等设施。在关口及险要之地，设有多重城墙，有的还设了凸出在前面的罗城。

敌楼和墙台都是凸在城墙外面的高台。墙台上只建有普通房屋，是巡逻放哨避风雨的地方。敌楼则是高出城墙的高大建筑，一般高达12米以上，有上下两层，下层住人，上层有供射击和瞭望的垛口，还有燃火的设备。

烽火台是古代传递军事情报的建筑物，它用白天燃烟（即燧）、夜间放火的办法报道敌军进犯的消息。烽火台一般设在长城附近的山顶上，它高大雄伟，高达15米，外观也有点像敌楼。

关城、隘口当然是重要的防守据点，常设在最为重要的交通要道及最为险要的关隘之处。其中最著名的要算东临渤海的山海关、南靠祁连山的嘉峪关、北京附近的居庸关（包括南口—八达岭），这三座现存的雄关，已列为全国第一批重点文物保护单位。其他的名关还有雁门关、娘子关、平型关等。

万里长城就是由上万里的高大城墙、数百座的雄关险隘、成千上万的敌台、烽火台组成。工程之大，可想而知。

长城不仅工程量大，而且由于它多建于雄奇险峻之处，翻山越岭、经高原、过草地、通过沙漠戈壁及无数悬崖深谷，施工十分艰难。可是古代能工巧匠巧妙地采取因地制宜、就地取材的办法，用简单的工具，成功地创造了这一世界奇迹。

凡遇到陡峭山冈的地方，城墙就利用山脊作为基础，外面包砌石块，依山而筑，还有把崖壁劈削而成的，明代称为山险墙、劈山墙。在山冈陡峭处，城墙较低些；平坦之地，城墙就高。内侧较低，外侧较高，使城墙居高临下，控制险要，既便于施工，又节约了大量材料。在河岸、谷地，也是利用原来的陡坡、山崖，内侧并没多高，可从外面看却又非常险峻。

筑城的材料一般都就地解决。大型城砖及石灰就地烧制；在高山峻岭则开山取石；沙漠中用当地所产的红柳枝条和芦苇、砂石层层要间铺砌，可砌到六七米高；在平原地带如黄土地区，则大都就地取土垒筑。

在垒砌方面，砖与砖之间用白灰条粘接。这种拉白灰条相砌法，使砖与砖接缝处牢固整齐，是独创的工艺技术。城墙内部的券门是用石凿成的拱顶，用石条垒成门框，再用一块较薄的石条使立着的门框和横卧石条与墙身紧紧相连，浑然一体。如果城墙底下遇到溪流或流沙，墙基底部全用砖石砌成拱形水门，像座拱桥，使城墙从拱桥上通过。倘若城墙经过小路，则建有小门，叫“过门”，平时可出入，战时加以封闭。

总之，万里长城是中国古代劳动人民用血肉和智慧建造的，它是炎黄子孙为人类树立的一座历史丰碑，是中华民族的骄傲。虽说长城早已失去了军事价值，却成了当今世界各国人民了解中国几千年文明史的一个窗口，也是连接五大洲朋友的友谊纽带，更是中国人自己的历史与文化的教科书。

石桥之王指的是哪座桥？

一首流传久远的民谣说：“华北有四宝——沧州狮子应州塔，正定菩萨赵州桥。”这“四宝”，都是1962年国务院公布的“第一批全国重点文物保护单位”。但若论“年寿”之高，名气之大，则首推赵州桥了——它是目前世界上保存的最古老的一座石拱桥。

石拱桥是世界桥梁史上出现得比较早的一种桥型。它造型优美，犹如天上的彩虹横卧在河涧江湖的粼粼碧波之上；它结构坚固，经久耐用数百年，甚至于上千年。

我国的石拱桥有着相当悠久的历史，在近 2000 年来的漫长岁月里，石拱桥一直是运用很广的一种桥型，遍布全国各地。据说我国数百万座石桥中将近一半是石拱桥。

赵州桥

中国的石拱桥起源于何时，现已难以考定。有文字记载的最早的石拱桥，恐怕要算是《水经注》里提到的“旅人桥”了——它建成于西晋太康三年（公元 282 年），距今已 1700 多年了。想来石拱桥的诞生之日，应该比这更早吧！

“旅人桥”早已湮没不存，晋代以后的石拱桥，最古老的便是赵州桥了——它始建于隋代开皇十五年（公元 595 年），建成于大业初年（公元 605 年），迄今已经 1400 多岁的“高寿”了。在它之前、与它同时和较后的一些石拱桥，多已坍落重建，已非本来面目。唯有赵州桥历时 1000 多年而风采依然，它的跨度之大，技术之精，桥型之美也都是首屈一指的。

赵州桥原名安济桥，位于河北省赵县城南 2.5 千米处，横跨洨河南北两岸。赵县古称赵州，故习惯上多称为赵州桥，它是世界上第一座敞肩式（又称空腹式）单孔圆弧形石拱桥。西方迟至 19 世纪才建造第一座真正的敞肩圆弧拱桥——法国的阿道尔夫桥（公元 1809 ~ 1903 年），这至少比赵州桥迟了 1200 年。

赵州桥全长 50.82 米，只有一个大拱；拱脚宽约 9.6 米，拱顶稍窄，宽约 9 米；拱高约 7.23 米，跨度却长达 37.02 米。这不仅创造了当时的跨径世界纪录，而且保持这世界纪录 730 余年，直到法国的赛兰特桥（公元 1321 ~ 1339 年）建成；在国内保持纪录 1300 余年，直到 1959 年湖南黄虎港石拱桥建成。

赵州桥的桥洞（即大拱），不是普通的半圆形，而是像一张弓，桥梁学术语称之为“圆弧拱”，是一种小于半圆的弧段。圆弧拱与半圆拱相比，既可以大幅度地降低桥梁高度，又可以取得更大的跨度，它将拱桥技术提高到一个新的高度。

赵县坐落在华北大平原上，洨水两岸地势平坦。若沿用半圆拱技术建一座跨度37米多的石拱桥，桥拱高将从现在的8.72米提高到近20米，高于两岸10多米，形成一个大陡坡，使车辆骡马难以通过。而且，桥梁自身的重量也会成倍地增加——这是桥下河床土层难以承受的，还将导致工程量和投资的大幅度增加。

圆弧形拱还有一个妙处，是能够更好地运用敞肩技术。所谓“敞肩”，又叫做“空腹”，就是以一系列的小拱架设在大拱之上。这不仅减轻了石拱桥的自重，还大大地增强了桥的泄洪能力和安全度。

赵州桥的石工艺术，确实称得上是独步千古，造型上既稳重又轻巧，除了上部结构的完美外，桥的台基也只用了五层料石砌成，厚约1.55米。直接放在承重力不大的亚粘土基底上——因为它比一般古代石拱桥桥台轻得多。1000多年来，历经几十次地震和许多次大小战争仍无损坏，也没有明显的沉陷。如此高的技术水平，即使在现代，也是不容易做到的。难怪美国建筑专家伊丽莎白·莫斯克在其《桥梁建筑艺术》一书中大为赞叹：“结构如此合乎逻辑和美丽，使大部分西方古桥，在对照之下，显得笨重和不明确”。

“船从碧玉环中过，人在苍龙背上行。”赵州桥既是土木建筑史上一项划时代的工程，又是一件高度的科学性和完美的艺术性相结合的文化瑰宝。桥上两侧的石栏板和柱子，雕刻着各式各样的蛟龙和花饰，刀法苍劲古朴，是罕见的隋代石刻精品。其中最出色的要算是石柱子上的狮子了，远在朝鲜半岛上的高丽国，专门派了间谍来偷偷地凿下两只，千里迢迢地带回国去。

赵州桥的影响如此之大，“显然建成了一个学派和风格，并延续了数世纪之久”。仅在河北、山西的一些地方就建造了数十座敞肩圆弧拱石桥，但在技术上都未能超过赵州桥。在这些仿造的石桥中，最有名的要算是赵县西门外清水河上的永通桥了。它虽然比赵州桥晚造了将近600年，但在桥的造型和技术方法上都十分相似，只是小了一号。所以当地人民都称赵州桥为大石桥，永通桥为小石桥。

赵县流传着许多关于这两座桥的神话和传说，就连京剧《小放牛》中也有这样的唱词：

赵州桥鲁班爷修，
玉石栏杆圣人留，
张果老骑驴桥上走，
柴王爷推车轧出一条沟！

传说鲁班修大石桥，他妹妹鲁姜修小石桥。兄妹比赛，要在一夜之间造好。鲁姜毕竟技艺不如哥哥，便处处模仿，到天快亮时还未造好。而鲁班马上就要完工，眼看妹妹输定了。鲁姜灵机一动，请来两位恰巧路过的天神帮忙。于是，“八仙”之一的张果老和柴王爷（后周皇帝柴荣），一个骑驴，一个推车，来到大石桥头，问鲁班能不能让他们同时过去？鲁班不知道他们是神仙，就满口答应了。张果老背着装有“五岳名山”的背篼，柴荣推着载有太阳、月亮和星星的小车，一走上了桥，就将桥压得摇摇欲坠。鲁班见势不妙，急忙跳下桥用手托住。结果，桥保住了，桥面上却留下了深深的驴蹄痕和车道沟，拱圈下也留下了鲁班托桥的大手印。这些印痕，至今都还在呢！

神话不是历史，但它表达了人民对造桥者的崇敬，对能工巧匠的赞扬。赵州桥的真正建造者，是以李春为首的一批技术高超的隋代石工。可惜除了名字，对李春生平的其他事迹，知道得太少！然而，赵州桥本身就是一座不朽的丰碑，时时刻刻向我们诉说着古代工匠们的智慧和才华。

故宫如何称霸世界皇宫之首？

无论是中国人还是外国人，到了北京，首选的旅游点中，一定有北京故宫。它不仅是我国最大的保存最完好的古建筑群，也是世界上建筑面积最大的皇宫。

没有到过故宫，就不能算真正地到过北京；不了解北京故宫，就不能说真正了解了中国的历史。因为故宫是北京城的中心，可以说是中国的心脏，这里是明清两朝共24位中国皇帝先后居住过的地方，是中国历史的见证。

故 宫

北京故宫是明清两代的皇宫，从明朝永乐四年（公元1406年）开始修建，永乐十八年（公元1420年）基本建成，至今已有590年的历史，其间虽经明清两代多次重修和扩建，但仍保持初建时的格局，集中体现了我国古代建筑艺术的优秀传统和独特风格。

明代北京故宫是在元代故宫的范围，按照明初南京故宫的形制规划和建造的。背后是景山，前边是金水河，背山面水，负阴抱阳、坐北朝南，正符合中国传统的阴阳观念。故宫位于城市的中心，从南面的天安门、午门到北面的神武门形成的一条直线，正是整个北京城的中轴线。皇帝是国家的核心，皇宫自然也该是城市的中心。

北京故宫又称大内，凡人百姓古时自然不可进入。又叫紫禁城，中国古代的天文学将天上的星宿分成若干区域，如三垣、四象、二十八宿等，三垣中处于中央区域的叫紫微垣，被认为是天帝的处所，因而一个紫字就成了天的代表，皇帝又叫天子，在人间统治万民，他们居住的地方便叫做紫禁城。

故宫占地72万多平方米，房屋9000多间，建筑面积15万多平方米。紫禁城四面各有一门，南面有午门，北面是神武门，西面是西华门，东面是东华门。紫禁城周长3400余米，城墙高10米，城墙下宽8.6米，上宽6.66米，城墙四角各有一座结构精巧的角楼，俗称九梁十八柱，七十二条脊，成为我国古代建筑中特有的形制。城外有一条宽52米，长3800米的护城河环绕。

故宫由外朝与内廷两大部分组成。

外朝以太和殿、中和殿、保和殿三大殿为中心，东西文华、武英二殿为两翼，是皇帝举行重大典礼及发号施令的主要场所。

三大殿之后为内廷，有乾清宫、交泰殿、坤宁宫、御花园以及东、西六宫。这是皇帝平时处理政务及皇帝、皇后、皇太后、妃嫔、皇子、公主等人居住的地方。

从天安门进入，穿过端门，通过平直宽阔的石板“御道”，便到了宫城的正门——午门。午门在正门左右向南伸出的城墙称为两观，是古代宫阙的遗制。城墙上建有五座重檐楼阁，其间用廊庑阁道相连，如鸟展翅，被称为五凤楼。

午门是紫禁城的入口。每当皇帝去天坛、地坛或太庙祭礼时，午门城楼上便奏起钟鼓，皇帝在文武百官及仪仗队拥簇下由此而出；战争胜利，武将回朝，在此举行“献俘”之礼；处决高级官吏也常在午门外进行，叫“推出午门斩首”。所以故宫的午门格外威严。

进入午门，迎面是一条弧形的“内金水河”横亘东西，上架五座金水桥。正面是宫殿的大朝门太和门，弧形的河，白玉石的桥栏杆，与宫殿建筑交织在一起，构成一幅楼台桥殿画面。

外朝的主要建筑是太和门内的太和殿、中和殿、保和殿。它们前后直线排列在高达 8 米的“工”字形台基上，自成一组。台基采用稳重浑厚的须弥座形式，用汉白玉石砌成，分为三层，俗称三台。每层四周都用汉白玉石栏杆围绕，玲珑秀丽，重叠起伏。

太和殿俗称金銮宝殿，是故宫中最高大的一座建筑物。皇帝颁布重要诏书、新皇帝“登基”及每年的元旦、冬至、皇帝的生日等大朝会都在这里举行。在殿前丹墀（宫殿前石阶）下，有一个约 3 万平方米的宽阔庭院，可容纳上万人，当时上朝的文武官员，都在这一片广场上，按品级向殿座跪拜。

中和殿位于太和殿之后，是一座平面方形的单檐攒尖顶建筑。这是皇帝在朝会前的预备室。

保和殿是一座面阔九间，进深五间，重檐歇山顶的建筑。在清代，这里是宫殿内的大宴会厅。雍正以后，进士考试也在这里举行。

在三大殿前的东西两侧，还有两组自成格局的建筑，就是文华殿和武英殿。

文华殿在东，是太子读书的地方，也是皇帝讲学和召见学士的地方。文华殿后建有文渊阁，收藏《四库全书》，是宫廷中的大图书馆。

武英殿在西，是皇帝召见大臣的地方。清康熙以后，这里开办过一个印书工场，采用铜活字印刷，著名的《古今图书集成》就是这里印制的。

从保和殿往北，正面是华丽的乾清门，门内是皇帝与后妃居住的“内廷”。

内廷部分以精巧的四合院——东、西六宫左右对称地拱卫着中轴线上皇帝和皇后专用的内廷三宫：乾清宫、交泰殿、坤宁宫。内廷的建筑布局是居住庭院格局，和庄严宏阔的外朝迥然不同。

乾清宫是皇帝的寝宫，坤宁宫是皇后的寝宫。明嘉靖年间，根据“乾坤交泰”的说法，在两宫之间建造了交泰殿，作为内廷的小礼堂，从此形成了内廷三宫，犹如外朝三大殿的格局。

在内廷三宫周围的廊庑，有东西两殿。东庑端凝殿是收藏全部衣物的地方；西庑懋勤殿是皇帝批阅奏章的地方，两侧又有嫔妃居住的东、西六宫，以及乾东五所、乾西五所，及太监宫女等办事用房。东、西宫是极其规范的四合院住宅，后经过改建、扩建，有很大变化。

在内廷三宫的北面，是御花园，也可说是故宫的后花园。主要建筑钦安殿，建于明代中叶，屋盖采用盝顶，就是平顶屋面的周围用屋脊环绕，四角兽吻合抱，是古建筑中较少见的。

故宫的总体设计多比附古制。如在午门前建端门、天安门、大明门(即中华门，已拆除)，使太和殿前有五重门以象征“五门”之制；以前三殿象征“三朝”之制等。内廷部分的乾清、坤宁二宫象征天地，以乾清宫东西庑日精门、月华门象征日月，以东西六宫象征十二时辰等。

在建筑群组布置上，紫禁城强调中轴线。前三殿、后三宫都在中轴线上，其余东、西六宫及乾东、西五所对称布置在左右，拱卫中轴线的建筑。它也利用院落的大小、殿庭的广狭来区分主次，前三殿最大，占地面积为宫城的32%，后三宫面积为前三殿的1/4。其余宫殿，包括太上皇、皇太后的宫殿，又小于后三宫，以突出前三殿、后三宫的主要地位。

在建筑形体上，主要是通过间数多少和屋顶形式来区分主次。间数以11间为最，屋顶等级依次为庑殿、歇山、悬山、硬山，最重要者加重檐。宫中最重要的正门午门、正殿太和殿和乾清宫、坤宁宫等都用重檐庑殿顶，间数为11间或9间，属最高等级。其他群组依次递降。同一群组中，配殿、殿门比正殿降一等，通过这些手法，把宫中大量院落组成一个轴线突出、主从分明、统一和谐的整体，把君臣、父子、夫妇等封建伦常关系，通过建筑空间形象体现出来。而大小规模不同的院落和建筑外形的差异又造成多种多样的空间形式，使之在总体的统一和谐中又富于变化。紫禁城宫殿是最能体现中国古代建筑中院落式布局特点的范例。

而今的紫禁城成了中外驰名的故宫博物院，不仅全面开放，而且整理展出大批文物，陈列上分为宫廷历史遗迹陈列和中国古代文化艺术陈列。现在前三殿、后三宫、养心殿及西六宫是宫廷历史遗迹陈列，斋宫和东六宫是青铜馆、陶瓷馆、明清工艺美术馆。保和殿及三大殿两庑为历代艺术馆，皇极殿陈列绘画，养性殿、乐寿堂、颐和轩是珍宝馆。

1961年国务院宣布故宫为全国重点文物保护单位。故宫为我国最大的国家博物馆，闪烁着中华民族五千年文化艺术的光辉。

天下第一藏书阁是哪里？

清乾隆年间，朝廷要编纂集古代经、史、子、集之大成的《四库全书》，向各地征集、采访古书，要求进呈备用。

以宁波天一阁主人范钦的八世孙范懋柱为代表的范氏后人，进呈了638种，是当时进书最多的一家。这一下惊动朝野，受到了乾隆皇帝的称赞，赏给范家铜活字印本《古今图书集成》一部，计一万卷。

乾隆又听说宁波范氏的天一阁，不仅藏书多，而且建筑极佳，便派杭州织造（官名），到天一阁察看书楼建筑和书架款式，“欲仿其藏书之法，以垂久远”。织造不辱使命，向乾隆皇帝详细报告了天一阁的构造、书架的排列，并标明尺寸，绘成图式，给乾隆看。这一看，就把这位皇帝给迷住了。后来专门建成的庋藏《四库全书》的文渊、文源、文津、文溯、文汇、文澜、文宗七阁，都是仿照宁波天一阁的样式建造的。过了几年，乾隆又赏给天一阁铜版画《平定回部得胜图》和《平定两金川战图》各一卷。前者共 16 幅，至今仍保存完好。

宁波天一阁

天一阁从此名闻天下。

天一阁原是明代兵部右侍郎范钦的藏书楼。这位范钦，爱书成癖。嘉靖十一年（公元 1532 年）考中进士后，曾任湖广随州知州，后升工部员外郎，又先后在广西、福建、云南、陕西、河南等地做官，足迹几乎遍及半个中国。他每到一地就留心当地的出版物，尤其重视当代人的著作。所以他的藏书中，明代的地方志、登科录、政书、实录、诗文集特别多。又像《军令》、《营规》、《国子监监规》以及《武定侯郭勋招供》等官书，也是一般藏书家所难以收得的。共藏书 7 万卷左右。

明嘉靖三十九年（公元 1560 年），范钦升任兵部右侍郎。但这时的范钦已对做官没什么兴趣了，更担心自己的数万卷藏书无处安置，就不去到任而辞官回家了。第二年就开始兴建天一阁，于嘉靖四十年至四十五年之间（公元 1561 ~ 1566 年）完成。

天一阁坐落在宁波市西部。藏书楼是两层硬山建筑，楼下六间，楼上除楼梯间外为一大通间，这种不求对称的布局是有原因的：范钦知道藏书楼最怕的就是火灾，想照《易经》上的“天一生水，地六成之”的话，取以水克火之义，所以就在藏书楼的一层建了六间，二层一大间，又取名“天一”，希望能“生”出“水”来，这样就不怕火了。

当然这只是一个方面，纯属精神安慰。讲究实际的范钦并不以此为满足，因而在庭前开凿了一个大池，蓄满水，这才真的随时可以准备以水克火。可光是一个消防水池，那又未免太难看了，多少不免有失风雅。他灵机一动，干脆再置以山石，筑成一处泉石林园，这样既有消防的功能，又增添了不少的情趣，可谓实用与审美兼得。

庭园占地约半亩，虽然不大，却山重水复，石径逶迤。池南垒石作山，池边依墙立一半亭，池中有小桥穿越林石之间。据说石类狮、羊、象，山状“福”、“禄”、“寿”三字形态，却又全在似与不似之间，气势自然。

天一阁楼成偶间而不失均衡，园重奇景仍是十分雅洁，功能与意境配合得相当成功，是江南颇有影响的一处庭园。它的造园手法，得到不少行家的称赞。

再从大环境看，天一阁离月湖近一里，西有天封塔，北有天宁塔，双塔耸峙，清波倒影，饶有情趣。范钦有一方印记篆着“小桃园里人家”，可见他在这“月湖深处”营建书楼，是很得意的。

范钦苦心孤诣，临终之际，把家产分为两份：一份是白银万两，一份是天一阁及万卷藏书，任两房后代选择。长子范大冲继承了天一阁，为尊奉先辈“代不分书，书不出阁”的初衷，为后辈制定了族规：阁门和书橱门的钥匙分房掌管，烟酒火烛不许上楼。如是代代相传，天一阁才得以保存，成了我国现存最古老的大型藏书楼。

推开天一阁的边门，迎面是一排长廊，室内书籍满架，室外幽雅清静。书楼前后开窗，主体构件均用杉木，两旁砖墙作壁。正中有明隆庆五年(公元1571年) 郡守王原相写的“宝书楼”匾额。楼下三间连一起，作为中厅，两旁悬挂着文人学士题写的楹联。

清代学者全祖望有联云：

十万卷签题缃帙班班笑菉竹绛云之未博；

三百年清秘祥光晒晒接东楼碧沚以非遥。

联中的“东楼”、“碧沚”是宋代宁波的藏书楼，“菉竹堂”是明代昆山的藏书楼，“绛云楼”是清代常熟的藏书楼，这些都是当时著名的藏书楼，现均已荡然无存。

清代学者姚伯昂为天一阁撰写过一副楹联：

人间庋阁足千古，

天下藏书此一家。

因而，天一阁又有了“天下第一藏书阁”之美名。只是树大招风，尤其是鸦片战争后，天一阁及其藏书屡遭官僚及洋人盗卖偷劫，损失大部，至解放前，仅剩藏书一万余卷。解放后成立专门的管理机构，今已收藏珍贵古籍30万卷以上，并将天一阁列为全国重点文物保护单位。

徽州的“古建三绝”指哪里？

欲识金银气，
须从黄白游。
一生痴绝处，
无梦到徽州。

这首诗的作者是明代大戏剧家汤显祖，诗中的“黄”，指的是驰誉世界的名山——黄山；“白”，指的是四大道教名山之一的齐云山（白岳）。汤显祖虽然生在离徽州不远的江西临川，也许是古代交通不便，他渴望一游徽州而一直不能如愿，只有在诗中表达他对徽州的一片痴情。

徽州，除了名山胜水的自然景色外，还是一处人文昌盛的“文化之乡”、“礼仪之邦”，历史上名人辈出，文物古迹遍布城乡各地。悠久的历史，给徽州留下了极为丰富的文化遗产，其中明清时代的牌坊、祠堂和民居，被誉为“古建三绝”。

棠樾牌坊群

牌坊在徽州到处可见，但最有特色的该数歙县的许国石坊和棠樾牌坊群。

许国石坊位于歙县城中，仿

木建筑，其结构和形制为国内罕见。石坊平面呈“口”字形，占地面积约78平方米，高11.5米，南北长11.5米，东西宽6.77米，由前后两座三间四柱三楼石坊和左右两座单间双柱三楼石坊围合而成。全部采用质地坚硬的青色茶园石，每根石柱和梁枋、斗栱、匾额，都雕刻有精致的花饰。各种奇禽怪兽都雕刻得玲珑剔透，神采飞动。十二只石础上的雄狮，也姿态各异，形象逼真。

石坊前后左右的栏板上镌刻着许多题识匾额：最上层的“圣旨”、“恩荣”，说明是皇帝恩准建立的。第二层上的“先学后臣”、“上台元老”，既表明坊主是科班出身，凭文才而登上仕途；又突出了辅主重臣、三朝元老，位列三公（太师、太傅、太保）的显赫地位。底层四面刻的“大学士”、“少保兼太子太保礼部尚书武英殿大学士许国”是坊主官衔的全称。

坊主许国，字维桢，歙县许村人，官至仅次于首辅（宰相）的次辅，因劳苦功高获生前建牌坊表彰的殊荣，于明万历十二年（公元1584年）建成此坊。

棠樾牌坊群位于歙县城西的棠樾村，七座高大的牌坊拔地而起，依次排列，连绵成群。其中两座建于明代、五座建于清代，按“忠、孝、节、义”一字排开，巍巍壮观，每一座牌坊，都有一段意味深沉的故事。如此气派宏大的牌坊群，似乎也是国内现存的孤例。

呈坎村中的“宝纶阁”是名闻海内的江南名祠，徽州古建的杰出代表。

宝纶阁建于明万历三十九年（公元1611年），面宽十一间29米，进深10米，总高13.53米，前檐10根巨柱，好像一排屹立的卫士，十分壮观。全祠三进两院，占地7000余平方米。祠内石栏、石柱，精美绝伦；特别是阁上的雕刻，玲珑剔透，五彩纷呈，集明代堂阁装饰艺术之大成，被誉为“中华古建筑的一颗明珠”。除了宝纶阁外，呈坎村中还有30多幢明代建筑，100多幢清代建筑，群星拱月，可谓古建筑大观。

距呈坎村南约3千米处的潜口村，有一座国家重点文物保护单位——潜口民宅，又名“紫霞山庄”，面积有16000平方米，采取“原拆原建”的方法，将散落在各处的10座典型明代建筑集中于一处，建成了“明代民宅建筑博物馆”，计为：古牌坊一座、路亭一座、石拱桥一座、祠堂三幢、民宅四幢，分别名为荫秀桥、善化亭、曹门厅、乐善堂、司谏第、苏雪痕宅、方文泰宅等。山庄依山就势，错落有致，保持原貌，修葺如旧。各建筑物内部陈设、家具和生活用品等，也多是历史之物，不是假古董，形象地再现了几百年前徽州人的真实生活。

宝纶阁

潜口民宅只是徽州民居的一个小小的缩影，散落在徽州各地的古建民宅，处处皆有，如西溪南村的明代早期住宅“老屋阁”，建于明景泰七年（公元 1456 年）的“绿绕亭”，屯溪市区里的明代民居“程宅三宅”……，更有整个村庄都保留着明清建筑风貌的“古建村”，如黟县的西递村、宏村（际联）等。

黟县城北 11 千米处的宏村，建于明万历年间，别出心裁地按照卧牛之形设计布局整个村落：“山为牛头树为角，桥为四蹄屋为身”。更为奇特的是那被称为“牛肠”的清清渠水，引山泉穿堂入室，流经各家各户（洗涮不用出门），最后注入被称为“牛胃”的南湖。村中有 130 多幢明清古建，其典型代表“承志堂”，可说是“徽州古建艺术的宝库”。这幢 1855 年营建的豪华大宅，占地面积 2100 平方米，气势雄伟，建筑精美，全宅有 136 根柱子、60 道门、60 扇窗、9 个天井、7 座阁楼、28 间内房，还有花园、鱼塘、水井等，雕梁画栋，彩绘密布，一切都显示出宅主富有的徽商身份。据说当年建此宅竟花去黄金 100 两、白银 60 万两的

潜口民宅

巨款。

总体来说，徽州民宅的基本形式，多为方形或矩形的封闭式三合院、四合院及其变体，大部为两层楼。正房朝南，面阔三间，两侧厢房，庭院狭小成为天井。外观上青瓦粉墙，屋顶高低错落，窗口形状位置、屋檐的变化等使之活泼而多变。

住宅内部以木雕精美著称，喜用色彩淡雅的彩画。建筑用料讲究，木质纹理天然可观。有的楼层表面铺方砖，有利于防火，隔音较好。

以牌坊、祠堂和民居著称的徽州古建，是中国建筑史上极为重要的一页，给我们留下了极为丰富的历史文化遗产。

建造最晚的皇家园林是哪里?

位于北京海淀区西北郊的颐和园，原名清漪园，始建于清乾隆十五年（公元1750年），历时15年竣工，是清代北京最后建成的一座著名的皇家园林。

颐和园

1860年英法联军将清漪园焚毁。光绪十二年（公元1886年），慈禧太后挪用海军军费重修，光绪十四年（公元1888年）改名颐和园。光绪二十一年（公元1895年）工程结束。1900年（光绪二十六年），又遭八国联军破坏。第二年再度修复。

因此，颐和园可以说既是建造得最晚的皇家园林，也是现在保存得最完整的一座行宫御苑。颐和园占地约290公顷。其中昆明湖水面约占全园面积的3/4，万寿山山地约占1/5。

颐和园原来不叫颐和园。万寿山、昆明湖原来也不叫这个名字。万寿山在金代叫做金山，在元代叫瓮山，明正德以后（公元1506～1521）又叫金山。清乾隆十五年，乾隆皇帝为庆贺他的生母孝圣皇太后钮钴禄氏60寿辰，将金山（瓮山）改为万寿山，并大兴土木，拆毁明朝园静寺，改建大报恩延寿寺。万寿山的名字就沿用至今。

昆明湖在金代叫金水池。元代疏浚扩展，先后叫瓮山泊、大泊湖，俗称西湖、西海子。清乾隆时准备在湖中训练水军，因当年汉武帝为征讨昆明，曾在都城长安挖昆明湖以练水兵，乾隆也要学他一学，便将大泊湖，改名昆明湖。

乾隆要建清漪园，便是利用万寿山、昆明湖为基础，以杭州西湖为蓝本，汲取江南园林的某些设计手法和意境，建一座大型天然山水园。

要学杭州西湖，自然要在昆明湖上做文章。首先是在这个大湖上建一道长堤，自西北伸向南方，叫做西堤。再加上一个支堤，就将昆明湖划成了三个大小不等的水域。每个水域又各有一个湖心岛，三个岛在湖面上鼎足而峙，这是要象征中国古老神话传说中的东海三座仙山——蓬莱、方丈、瀛洲。

在园林布置上，又是极具匠心的，主要是为了避免昆明湖的空阔无边、大而无当。有了堤，又有了岛，便使湖面出现层次，不再单调空疏。西堤及堤上的六座桥很明显是模仿杭州西湖上的苏堤及“苏堤六桥”。西堤一带碧波垂柳，自然开阔，园外数里的玉泉山倒映其中，更增美感，这是造园师的一种“借景”手法，将园外之景收摄于湖水倒影之中，作为园景的一个有机组成部分。

湖区的建筑，主要集中在几座岛上。南湖岛最大，环岛堆叠山石，岛上的主要建筑是涵虚堂，南有露台，围以雕栏。岛之东有十七孔桥与东堤相连。桥长150米，宽8米，望柱上雕刻有姿态各异的500余只石狮。西堤上的6座石桥，以玉带桥最美、最有名。桥身由汉白玉和青石砌筑，桥身高耸，曲线柔媚，望柱上雕有仙鹤，形象栩栩如生，是脍炙人口的艺术精品。

万寿山不大，东西长1000米，高约60米，但却集中了园内绝大多数建筑物，是一个庞大的风景点集群。

颐和园的两个大门——东宫门和北宫门也都在万寿山下。东宫门是正宫门，迎面是处理朝政的仁寿殿，采用灰瓦卷棚顶，庭院内布置了山石盆景，有离宫的气氛。这是慈禧太后“垂帘听政”的地方。

仁寿殿往西是乐寿堂，是慈禧太后的住所，乐寿堂南面临湖处墙上开了很多各种形式的窗洞，叫什锦灯窗，晚间在窗中点灯，水中可生倒影，景色别致。

仁寿殿往北是德和园，园中有一座三层大戏台，高达21米，在颐和园中仅次于佛香阁。这是看戏玩乐的地方。

乐寿堂往西就是著名的长廊。沿昆明湖北岸而建的长廊，又称千步廓，东起乐寿堂的邀月门，西至石丈亭，长728米，共273间。留佳亭、寄澜亭、秋水亭、逍遥亭4个八角亭分布于长廊中间，象征春、夏、秋、冬四季。长廊以建筑精美、曲折多变和彩绘丰富著称于世，是我国古建筑和庭园中最长的廊。乾隆时首建此廊，专为其母孝圣皇后沿廊漫步和观雨、赏雪之用。长廊本身曲折，每隔一定距离布置一些亭台，或通至临湖的轩榭，成有节奏的变化，廊长而不单调，它将东部朝宫与万寿山南麓前山沿湖的许多建筑物连接起来。

万寿山南麓，面临昆明湖，依山就势地布置了一大片亭台楼阁、廊榭堂馆，是全园的中心区。从湖岸边的牌坊起，经排云门、排云殿、德辉殿层层上升，直达佛香阁，到全园的制高点——用彩色琉璃贴面的慧海殿(智慧海)。

佛香阁是颐和园的主体建筑，在万寿山正中南坡，耸立在20米高的石台基上，顶端与智慧海琉璃坊相齐，是全山最高的建筑。阁高41米，有8根坚硬的大铁犁木的擎天柱，八面、三层、四重檐，四周有廊，可以眺望湖光山影。

前山长廊和佛香阁左右，星罗棋布地建有20多组形式各异的建筑，参差错落，各具特色。

佛香阁西边的宝云阁，俗称铜亭子，建于乾隆年间，结构与木制相同，但它的梁、柱、斗棋、椽、瓦、隔扇、联额等都是用铜铸造的，共重20.5万多千克，用铜207吨。铜亭阁上的花纹采用我国传统铸造工艺——拔蜡法制造，反映了我国古代高超的铸造水平。英法联军焚清漪园，此阁幸免于难，只是阁中宝物被洗劫一空。

长廊西端的湖岸边，有一座石舫叫清晏舫，用汉白玉石砌筑而成，船舱内部采用木装修。这是早期将中西建筑形式相结合的尝试。在万寿山的东北角，布置了一座谐趣园。它既是颐和园的一个有机组成部分，又具有独特风格，以园中园著称。清漪园时代此园名惠山园。江南名园别墅中，以无锡惠山秦园最古，康熙南巡至此，赐名寄畅园。乾隆南巡，将它画了下来，仿建于清漪园中，取名惠山园。园中有惠山八景，乾隆曾写《惠山八景诗》，在诗序中说："一亭一径足谐其趣。"后因此而改名谐趣园。园中有 13 座楼台、百间游廊、5 座桥，其中"知鱼桥"最为有名。此园以水面为中心，水中满植荷花，夏日花红叶绿，荷香四溢。谐趣园因偏处一角，与外界隔绝。宁静清幽，果真别有奇趣。

万寿山的后山以清幽取胜。东起谐趣园西至荇桥为一湾溪流，山坡水际留有清漪园时代的建筑残迹：须弥灵境、香岩宗印之阁，四大部洲等建筑群基址。

后湖长桥两侧，大树参天，苏州河岸边的苏州街，原是清漪园建造的仿苏州风格的市街、建筑和桥梁，经常由宫女和太监化装成仕女、商人，在街上买卖百货杂物，或游逛嬉戏，为帝王取乐，曾被破坏成断垣残壁，近几年又逐渐加以修复，使这一带重现生机。

颐和园一湖一山，自成一体。以万寿山为中心，紧凑而又突出。园林布局因地制宜，将自然与人工有机结合，利用原有山水，加以利用改造，做到风格统一。看似平常一段景，其中有园林匠师的许多奇思妙想和心血汗水。

北京有名的三山五园，只有颐和园劫后余生，硕果仅存，它不仅是一座旷世园林，也是中国近代史的一段见证。

国外有哪些著名宫殿？

在世界各国有不少历代帝王营建的皇宫，在建造时动用了大量的人力、物力，并用最为美丽昂贵的珍宝和艺术品加以装饰，极尽奢华之至。这些壮观华美的宫殿，历经沧桑，现在虽然有的成了政府所在地，但同时也是规模宏大的博物馆和艺术殿堂。作为世界文化遗产的重要组成部分，它们是各国游人向往的地方。

克里姆林宫

克里姆林宫，俄国沙皇的皇宫，莫斯科的主要建筑之一。克里姆林宫独特的建筑风格和宫内丰富的收藏品使它成为世界建筑史上的精品和艺术宝库之一。克里姆林宫是一个建筑群体，宫内拥有许多雄伟壮观的建筑，包括教堂、皇宫、钟楼等，色彩缤纷而又和谐。宫内有20座塔，其中最漂亮的一座叫斯巴斯基塔，塔尖上镶有红色五角星，下面有一座直径达6米的大钟，字盘以黄金铸成。宫内的教堂建筑很有特色，最美丽的教堂要数有“用石头描绘的童话”之称的华西里·伯拉仁内教堂。它由9座参差不齐的高塔组成，中间最高的方形塔高17米。虽然这9座塔彼此的式样色彩均不相同，但却十分和谐，为整个克里姆林宫增色不少。据说此教堂落成时，沙皇在惊叹之余，为防止设计者设计出更完美的建筑，竟下令挖掉他的眼睛。教堂广场上还有高达81米的伊凡大帝钟楼。钟楼的左侧有重达40吨的“炮王”，右侧是著名的“钟王”，它重达200吨。这两个庞然大物虽从未使用过，却显示出高超的铸造技艺。宫内沙皇的宫室中全以大理石、孔雀石装饰，皇冠、神像、十字架、餐具等无不镶满宝石。仅福音书封面就嵌有26千克黄金和无数的宝石。至于陈列的稀有的青铜制品、精致的瓷器、镶金的家具和名贵的美术工艺品，更可见昔日帝王奢侈生活之一斑。这些价值连城的珍贵文物，都是劳动人民智慧的结晶。

白金汉宫，英国王宫。位于伦敦威斯敏斯特区圣詹姆士公园西端。这是一座规模宏伟的四方形建筑群。从1837年维多利亚女王登基起，英国历代君王都在此居住。宫前广场中心有维多利亚女王纪念碑，宫内有宴会厅、典礼厅、音乐厅、画廊等600多个厅室，都是富丽堂皇、典雅华贵的。白金汉宫不对公众开放，但有三处例外：禁卫军换岗仪式、女王美术馆和皇家马厩。其中换岗仪式最受游客欢迎，每天上午 11 点半在皇宫前院举行，参加的 5 个禁卫步兵团各有其多彩多姿的传统制服，由禁卫军乐团伴奏，整个仪式宛如一出古装戏演出，非常吸引人。

白金汉宫

凡尔赛宫

凡尔赛宫，世界闻名的法国王宫。它坐落在巴黎西南郊的凡尔赛镇。1624 年，法王路易十三在此修建城堡，路易十四当政时开始建宫。1661 年动工，1689 年落成。建筑面积 11 万平方米，园林面积 100 万平方米。建筑以东西为轴，南北对称，花园也呈几何图形。在长达 3 千米的中轴线上，有雕像、喷泉、草坪、花坛、柱廊等。宫殿主体长达 707 米，中间是王宫，两翼是宫室和政府办公处、剧院、教堂等。宫殿外观雄伟壮丽，室内都用大理石镶砌，玉阶巨柱，装饰以雕刻、挂毯及巨幅油画。在众多的厅室中，最具特色的是镜厅，它用巨大的镜子装饰四壁，将室内富丽堂皇的陈设反射出去，更显出无与伦比的雍容华贵。美轮美奂的凡尔赛宫被公认为是西方古典主义建筑的代表。

冬　宫

冬宫，昔日俄国沙皇的皇宫，坐落在列宁格勒宫殿广场上。冬宫呈封闭式长方形，占地9万平方米，有厅室1057间。宫殿四周有两排柱廊，巍峨壮丽。宫内装饰豪华，用各色大理石、孔雀石、斑石、碧玉等镶嵌；以包金、镀铜、嵌水晶装潢；以雕塑、壁画、天顶画、绣帷等装饰，珠围绣裹，极尽豪奢。御座大厅的御座背后，有一幅俄国地图，用4.5万颗彩石镶成。宫内回廊甬道，转折相通，花园苑囿，点缀其间，宫内还有一个“奇珍楼”，叶卡捷琳娜二世在位时，曾专门从德国购进225幅名画，藏于楼中。

爱丽舍宫

爱丽舍宫，拿破仑三世的皇宫。外形朴素庄重，宫内金碧辉煌，厅室墙壁都用镀金细木装饰，墙上挂着著名油画或精致壁毯。宫内陈设着17、18世纪各朝代镀金雕刻家具约2000件，名贵挂毯200幅和130只精制座钟以及其他大量珍贵艺术品。宫殿后部的花园，幽静、秀丽，遍植奇花异草。

各个国家的皇宫都各有特色，这里当然不可能尽数介绍。作为留传后世的重要文物，昔日的王宫吸引了大量的旅游者。

什么是“世界七大奇迹”？

从世界范围讲，一说到名胜古迹，就不能不提到“世界七大奇迹”。世界七大奇迹之说，最早是公元前3世纪腓尼基旅行家和作家安蒂帕特提出的，他在那脍炙人口的游记中，首次记述了世界的7处建筑和雕刻艺术胜地的美景，并冠以“世界七大奇迹”之誉。尽管因为漫长岁月的磨蚀，七大奇迹中除了埃及的金字塔还巍然屹立在尼罗河畔之外，其他六大奇迹或因人为原因，或因自然毁损，已不复存在。但作为一种世界历史文化知识，仍很有了解的必要。

七大奇迹中最宏伟、最古老的奇迹是埃及的金字塔。在尼罗河下游西岸、开罗附近的吉萨和赛加赖一带，至今矗立着近80座大小不一的金字塔。这些建于公元前2650～前1800年的建筑物，其基座为正方形，四面呈四个相等的三角形，远望形似汉语的“金”字，故译为金字塔。金字塔其实是古埃及法老（即国王）的陵墓。在古埃及，每个法老一登基就为自己修筑陵墓，以求死后超度为神。最著名的金字塔是吉萨的3座，其中又以古埃及第四王朝法老胡夫的金字塔规模最大。它高146.59米，相当于40层楼；塔基每边长230米，绕塔一周约1千米。整个塔用230多万块巨石砌成，平均每块重达2.5吨。石块凿制精细，石块间的弥合处不用任何粘合物，却连一张纸都塞不进去。这座大金字塔不仅外观雄伟，而且塔内结构复杂，有甬道、石阶、庙堂、墓室，饰以壁画、雕刻等艺术珍品。据说为造此塔，当时驱使奴隶10万名，历时30年之久才完成。

埃及的金字塔

巴比伦空中花园，位于伊拉克巴比伦古城的南宫废址上，是公元前604～前562年新巴比伦王国国王尼布甲尼撒二世在位时建造的名园。相传他娶波斯国公主赛米拉米斯为妃，公主思念故土，郁郁寡欢，国王为取悦娇妻，下令营造高达25米的花园。此园采用立体叠园手法，在高高的平台上，分层重叠，层层遍植奇花异草，并设有灌溉用的水源和水管，远望如将花园高

巴比伦空中花园

悬于空中，故名“空中花园”。后因战乱，在公元2世纪化为废墟。

以弗所的阿尔忒弥斯神殿，位于今日土耳其境内。阿尔忒弥斯是希腊神话中的月亮和狩猎女神，此神殿就是供奉她的。据记载，这座用白色大理石建造的神殿以典雅秀丽著称，神庙的前后左右共有127根大理石柱，柱身颀长，每根高20米，残存的柱子虽经2000多年的风雨侵蚀，却仍光滑如玉。神庙的雕刻繁富，前后32根柱子顶部还有一人多高的金属柱头，上面有栩栩如生的神话故事群雕。整个神殿实际上是一件完整的艺术品。

宙斯神像。这是雅典最著名的雕塑家菲狄亚斯的杰作，在位于希腊奥林匹亚村宙斯神庙中。宙斯为希腊神话中的万神之王，这座塑像的神情威严而仁慈，神像全高15米，正身高12.2米，大于常人7倍。神像右手握一胜利女神雕像，左手执一带鹰的节杖。雕像裸露的头、足、手部分，用象牙雕刻，眼睛用宝石，头发和胡须用纯金制成。王袍用黄金叶制成，头戴橄榄枝般的金冠。神像所坐宝座上镶有许多金子、象牙和宝石，雕有各种花纹。

亚历山大灯塔。遗址在埃及亚历山大城边的法罗斯岛上。塔身用白色大理石制成，饰有青铜雕刻；石缝的砌合用熔化的铅水，塔基用玻璃块填实以防海水侵蚀。塔高120米，分四层。底层呈方形，第二层呈八面体，第三层为圆塔，顶层为信号灯所在地。顶层中间置一大铜盆，昼夜举火，并用一面铜镜将火焰反射出去，引导远处的航船。在塔顶还安放一尊12米高的海神波赛冬的巨像。

宙斯神像

罗得岛上的太阳神巨像。罗得岛位于地中海和爱琴海之间的海面上。公元前4世纪末，岛民同仇敌忾，一举击溃了貌似强大的马其顿侵略军，为庆祝胜利，决定用缴获的武器熔制一尊太阳神阿波罗巨像。据记载，铜像高 35 米，手指比人还高，其脚可做住人的窑洞。太阳神昂首举步，右手伸向前方，既表示对朋友的欢迎，也表示对敌人的拒绝。据说美国纽约的自由女神像就是从这尊巨像获得创作灵感而仿造的。

亚历山大灯塔

摩索拉斯陵墓，位于今土耳其的博德鲁姆港口后面的一座小山上。摩索拉斯名为小亚细亚南部伽利亚的国王，实为波斯帝国辖下的地方总督。陵墓规模宏大，风格别致，蔚为壮观。陵墓用白色大理石砌成，长方形，周长 129.2 米，高约 41 米，分 3 层，台基之上是总数 36 根的柱廊，柱廊之上是 24 层阶梯式金字塔屋顶，屋顶上还有一架四轮马车组成的群雕，高达 3 米的摩索拉斯国王和王后乘立于其上。柱廊和基座四周饰有许多雕像、群像和浮雕。现在部分艺术品珍藏在大英博物馆中。

晋祠是怎么闻名天下的？

3000 多年前的西周初年，周武王姬发死后，他的大儿子姬诵年纪尚小，由周公姬旦扶助做了国君，就是周成王。周成王虽然做了国王，但仍是少年天性，喜欢玩耍。有一天，他和弟弟叔虞两人拿着桐树叶做游戏。成王把一片桐叶剪成玉圭（玉圭是古代王侯举行礼仪活动时手持的一种玉器，上面尖，下面方）的形状，送给叔虞，说："这玉圭给你，封你到唐国做诸侯吧。"这本是小孩子间的戏言，却被周公知道了，周公就问姬诵："你要封叔虞吗？"姬诵说："我是跟弟弟说着玩的。"周公说："你是国君，君无戏言。”于是小小的周成王的一个小小的玩笑，被弄假成真，只得真的将叔虞封为唐国的诸侯。这就是历史上有名的“剪桐封弟”的故事。

叔虞到了唐（今山西太原一带）后，在母亲帮助下，发挥了自己的聪明才智，领导人民改良农田，兴修水利，发展农业，做了不少有益于人民的事情，使人民生活逐渐安定富裕，成了唐人爱戴的封建领主。后人便立祠纪念他的功绩，这祠就叫唐叔虞祠。叔虞本是周成王的弟弟，姓姬，但古人有以封地为姓的习惯，这样，姬叔虞便成了唐叔虞了。

叔虞死后，他的儿子燮继承了他的封地。因唐境内有一条河叫晋水，就改国号为“晋”，这就是后来著名的春秋五霸中的晋国的来源。此后，山西遂称为晋。而唐叔虞祠也就被习惯地叫成晋祠。

晋祠位于山西省太原市西南25千米处的悬瓮山麓，晋水源头。晋祠的创建年代，现在还难以考定。最早的记载见于北魏郦道元（公元466～527年）的《水经注》，当时的风景建筑已大有可观，祠、堂、飞梁都已具备了。

晋　祠

在漫长的岁月中，晋祠经过多次修建和扩建，面貌不断改观。南北朝时，文宣帝高洋建立北齐，于天保年间（公元550～559年）扩建晋祠；隋开皇年间（公元581～600年）在祠区西南方增建舍利生生塔；唐贞观二十年（公元646年），太宗李世民到晋祠，撰写碑文《晋祠之铭并序》又一次进行扩建；宋太宗赵匡义于太平兴国年间（公元976～984年），又在晋祠大兴土木；宋仁宗赵祯于天圣年间（公元1023～1032年）追封唐叔虞为汾东王，并为唐叔虞之母邑姜修建了规模宏大的圣母殿；此后又建鱼沼飞梁、铸造铁人，增建献殿、钟楼、鼓楼及水镜台等，祠区建筑布局更大为改观。

晋祠山水环绕，古木参天，风景如画。近百座殿、堂、楼、阁、亭、台、桥、榭，错落其间，既像庙观的院落，又像皇室的宫苑。所不同的是，这儿看不到明确的中轴线，院落之间也不作对称布置。

在众多的建筑群中，最早的自然是唐叔虞祠，它在晋祠的东北隅，一个小小的木牌坊就是它的入口。两进院落，大殿里供奉着叔虞像。不过，现在的大殿是清乾隆年间重建的。叔虞祠内还陈列着唐武则天时代刻的华严石经 128 幢及明代泥塑 10 余尊。

另外值得一提的是水母楼南侧的公输子祠。公输子即公输般，亦即大名鼎鼎的鲁班，历来被认为是一切能工巧匠的祖师爷。传说修晋祠时，鲁班曾显过灵，指点工匠采取堆土和修筑冰道的办法，完成了钟楼材料的运输和施工安装任务。因而修建晋祠的木、瓦、石等工匠们自己捐钱修造了这座公输子祠。

像公输子祠一样，整个晋祠可称为是历代鲁班——能工巧匠们的杰作和永恒的纪念。一个晋祠，不仅是建筑艺术的园林，也是历史文化的缩影和宝库。

卢沟桥为何久负盛名？

在南宋泉州地区兴起“造桥热”的同时，北方的金朝也建造了一座誉满中外的著名大石桥。这就是我国现存最早的联拱石桥——卢沟桥。

卢沟桥，一称芦沟桥，位于北京广安门外约 15 千米的永定河上。

永定河原名芦沟河，因为河水经常泛滥成灾，河道迁移不定，又称无定河。清代康熙三十七年（公元 1698 年），曾对河道大加疏浚，并在两岸筑有长堤，改名为永定河。

卢沟桥

远在 2000 多年前的战国时代，卢沟桥一带便是南北交通要道，也是有名的渡口。至迟在唐代，已有了卢沟桥之名。不过，当时的卢沟桥只是枯水季节的小型木桥和水量较大时的浮桥或渡桥。

12 世纪中叶，金朝定都北京后，南北交通更加繁忙，原有的渡桥显然不适应都城在军事、政治和经济上的需要。大定二十九年（公元 1189 年）金章宗完颜璟下令建造永久性的石桥。明昌三年（公元 1192 年）三月竣工，命为广利桥，距今已有 800 余年了。

卢沟桥全长 266 米，宽约 8 米。全桥由 11 孔圆弧形的石拱组成，每拱长度不一，净跨度自 11.4～13.45 米不等，中间的较大，两侧逐渐缩小。拱圈的砌筑方法，与赵州桥所使用的“纵向并列法”不同，卢沟桥运用的是“框式横联法”，此法的整体性远比纵向并列拱好，受力更为均匀，没有拱圈容易外倾的缺点。

10 座石砌桥墩，各墩宽从 6.5～7.9 米不等。一墩挑两孔，分担桥面重量，以纵联式把 11 个石拱联成一体，承受力均匀。用桥梁学术语说：卢沟桥是一座“多孔厚墩联拱”桥。厚墩联拱是单孔拱的集合，每个厚墩都能承受单孔拱的推力，一孔毁坏，不影响它孔，施工时也可逐孔独立进行。

桥墩的设计也别具匠心：桥墩前尖后方，迎水面砌作三角形的分水尖，尖长 4.5～5.2 米不等；每个分水尖顶上还装上了三角形铁柱，以其尖锐的铁角迎击冰块，分开洪流，减少冰块和洪水对桥墩的冲击力，人称之为“斩龙剑”。桥墩后部，砌作流线型，便于泄水。

卢沟桥建成以后，屡次成为古战场，一直是兵家必争的要地。桥落成 19 年后的金大安三年（公元 1211 年），“一代天骄”成吉思汗亲率大军南下，围攻金朝的中都（今北京），在卢沟桥发生了激烈的争夺战。战争持续了将近 4 年，贞祐二年（公元 1214 年），金宣宗被迫放弃中都，迁都南京（今河南开封）。第二年，中都落入蒙军之手，不可一世的成吉思汗，威风八面地走过卢沟桥进入中都城。几十年后，他的孙子元世祖忽必烈迁都于此，定国号为“元”，正式建立了元朝，桥上也留下过忽必烈的足迹。

世事沧桑，百余年后的元顺帝至正二十八年（公元 1368 年），一代枭雄朱元璋派兵北伐，一场血战，卢沟桥落入明军之手。怯战的元顺帝，半夜打开建德门向北逃跑，徐达等踏过卢沟桥进入北京，正式宣告了元朝的灭亡和明朝的崛起。

“卢沟桥的狮子——数不清”。这句流传颇广的歇后语，由来已久，四五百年前明朝书籍中就有这样的传说了。明蒋一葵的《长安客话》中说卢沟桥：“左右石栏刻为狮形，凡一百状，数之辄隐其一。”刘侗《帝京景物略》上也说：“数之辄不尽。”为什么会数不清呢？原来，石狮子不仅数量众多，而且大小不一，位置又变化无常。那些大狮子身上的小狮子，大的不过10多厘米，小的仅几厘米，三三两两地散在大狮子的背上、腹下、脚边，以至毛发里边。它们有的爬在大狮子头背上逗趣；有的伏在怀里戏耍；有的安卧于脚边；有的在戏弄大狮子身上的铃铛；有的半藏半露——只有半张嘴脸向外张望。这些小家伙们千姿百态，活泼可爱，东躲西藏，神出鬼没，你稍不留心，便发现不了。据说，有慕名而来的外国游客，手拿计算器逐个点数，结果呢，竟然是每次的数目都不一样。

60年代初，有关文物部门，采用编号清点的办法，反复查对，终于“数清楚了”：大狮子281只，另有桥东端顶着栏杆的石狮子2只、华表顶上4只，其余小狮子198只，总计485只。后来在桥下又发现一只，计为486只。谁知80年代复查，竟数出小狮子214只，比原来多出16只，总数增加为502只。

“卢沟石桥天下雄，正当京师往来冲”。自桥建成之后，车碾马踏，人迹匆匆，桥两头的茶馆、酒店一家挨着一家。长途跋涉的旅人在此歇宿一夜，第二天闻鸡早起，趁着月色赶路，带着即将到达目的地的喜悦心情，看一弯淡月，几点疏星；听远近驼铃，阵阵清音，此情此景，多么富有诗情画意！因此，早在700多年以前，“卢沟晓月”就是著名的京都胜景，被列为“燕京八景”之一。现在，桥东头的碑亭内还立有一块清代皇帝乾隆题写的“卢沟晓月”碑。这儿也是离开京城、送客话别之地，“落日卢沟桥上柳，送人几度出京华。”元代两位最杰出的戏剧家关汉卿、王实甫，曾于此挥泪饯别，天各一方；一身傲骨的关汉卿，也曾在此踏上了发配杭州的万里征程。

早在13世纪，卢沟桥就闻名世界了。著名的意大利旅行家马可·波罗十分推崇这座“汗八里的美丽石桥”，说它是“世界上最好的独一无二的桥”。他在《马可·波罗游记》中有着细致的描绘：

> 自从汗八里城（即元大都，今北京）发足以后，骑行十里，抵一极大河流，名称普里桑干（即卢沟河）。此河流入海洋，商人利用河流运输商货者甚伙。河上有一美丽石桥，各处桥梁之美鲜有及之者。桥长三百步，宽八余步，十骑可并行于上。……

从此，卢沟桥名扬海外，有些外国人称之为“马可·波罗桥”。

1985年以来，卢沟桥卸下了公路运输桥的重担，成为著名的京都旅游景点。1992年9月，为纪念卢沟桥建桥800周年，在桥头建立了一座纪念碑，上刻“古渡千秋”四个金色大字。

历尽沧桑的卢沟古桥，是古代劳动人民勤劳、智慧的物证，也是中国人民不屈不挠地抵抗日本侵略者的民族精神的象征。

世界最深的峡谷在哪里？

古人说“仁者乐山，智者乐水”。山有山的风采，水有水的韵味，见仁见智，各得其妙，这是很自然的事。不过，山无水不活，水无山不秀，有山有水，才更能体现大自然的魅力，这一点，大约是多数人都能接受的。因此，在自然风景中，高山峡谷往往受到更多人的喜爱。试想，两山之间夹着一水，水因山益觉幽深，山因水倍见雄伟。长江三峡之所以倍受青睐，不是没有原因的。

高山峡谷贵在一个“深”字，唯其深，才能衬托出两岸山峰的高，也才能充分显示险峻的美。位于云南省丽江县石鼓东北50千米的虎跳峡，是世界较深峡谷之一。长江三峡名列我国“十大名胜”，但其江面与峰顶的高差仅150米。美国地狱峡谷世界知名，其最大高差也只有2400米。而虎跳峡山岭高出水面却在3000米以上。这么深的峡谷，在世界上的确是数一数二的了。

金沙江到石鼓后急转北流，切断玉龙雪山和哈巴雪山，形成一个狭长15千米的大峡谷。峡谷东岸的玉龙雪山终年白雪盖顶，山脚壁立，直插江底；峡谷西岸的哈巴雪山也是白雪皑皑，峥嵘突兀，悬崖陡峭。而江流的最窄处仅30余米，相传猛虎下山，在江中的岩石上稍一顿足便可跳过，因而叫做虎跳峡。

虎跳峡的最大特点是“险”。全长15千米的峡谷分为下虎跳、中虎跳和上虎跳三个部分。哈巴山下的入峡处是下虎跳，这里头顶绝壁，脚临激流，江面中屹立着一块四五米高的虎跳石，江水从石的两边倾泻而下，好像猛虎下山一般来势凶猛。缘崎岖山路穿过一个核桃园村，山坡上突然出现一个深谷，此时游人得从深谷攀着藤葛下到谷底，再从谷底爬上山头。前方便是中虎跳。此处更险，两边尽是巉（chán）岩，有的直刺青天，有的斜扑江口，江水受到蛲岩的阻拦，发狂般地向岩石猛撞，只见怒浪腾空，惊涛拍岸，峡谷间一片震耳欲聋的轰鸣。当人们小心翼翼地沿着悬崖磴道攀行时，飞泉流瀑不时从头顶上掠过，令人心惊胆寒。到了上虎峡，眼前又是一番景象，但见两山夹峙，犹如两扇铁门，当中立着黑色的礁石，金沙江从两侧越过断崖，凌空而下，直冲崖底，旋即又弹跳起来，化作万朵浪花，而断崖之下则是波涛翻滚，吼声震天。此时此刻，面对着脚下深不可测的悬崖，谷底奔腾澎湃的激流，头顶呼啸怒号的江风，不由得你不由衷地惊叹：好险，好险！虎跳峡果然名不虚传！

中国最大的皇帝陵墓群是哪里？

“十三陵”是明代13个皇帝的陵墓群，位于北京城北40多千米的军都山南麓。

自公元1368年明朝开国皇帝——明太祖朱元璋推翻元朝统治，在南京称帝建立明朝，到1644年明朝最后一位皇帝朱由检（崇祯皇帝）吊死在北京景山上，历时277年之久，前后共有16位皇帝。他们之中：明太祖朱元璋葬于南京钟山，称“孝陵”；明惠帝朱允炆（建文帝）下落不明，没有建陵；明代宗朱祁钰遭害别葬。其余13位皇帝都葬在军都山南麓的天寿山下，通称十三陵。

这13位皇帝和他们的陵墓名称为：

十三陵

明成祖朱棣，长陵；明仁宗朱高炽，献陵；明宣宗朱瞻基，景陵；明英宗朱祁镇，裕陵；明宪宗朱见深，茂陵；明孝宗朱祐樘，泰陵；明武宗朱厚照，康陵；明世宗朱厚熜（cōng），永陵；明穆宗朱载垕（hòu），昭陵；明神宗朱翊钧，定陵；明光宗朱常洛，庆陵；明熹宗朱由校，德陵；明思宗朱由检，思陵。

这13座陵墓中最早修建的是长陵，始于明永乐七年（公元1409年）；到明朝灭亡的崇祯十七年（公元1644年），十三陵的营建工程历时230多年，陵区面积达40余平方千米。群山环绕之中，那红墙黄瓦、金碧辉煌的陵墓下面，埋葬着13位皇帝、23位皇后以及贵妃和殉葬宫人等，是中国最大的皇帝陵墓群。

明太祖朱元璋原本定都南京，自己也葬在南京，为什么他子孙们的陵墓却建在北京呢？

这里有一段手足相残的血腥故事：朱元璋因为太子早死，便传位于皇长孙朱允炆（wén）。年轻的朱允炆（wén）即位不久，见他的叔叔都在外地拥有重兵，怕自己的皇帝宝座不稳，就要“削藩”，意在夺取诸位叔叔的兵权。结果适得其反，被他的四叔燕王朱棣找到借口，发动了“靖难之役”，率兵攻占南京，夺取了皇位。战乱中，皇宫一场大火，朱允炆（wén）生不见人，死未见尸，从此下落不明。

1402年6月，朱棣登基，第二年改年号为“永乐”，习称“永乐皇帝”或“永乐帝”。为了消除夺侄儿皇位的恶名，巩固北方边防，便于统治全国，决定迁都北京。永乐四年（公元1406年）开始调集民夫工匠百余万人，大规模修建北京城。第二年又派礼部尚书带着看风水的阴阳术士前往北京寻找“吉壤”，准备建陵。

皇帝选择陵地，在古代是一件兴师动众的大事。他们认为陵地的好坏，关系到皇权的盛衰，国家的安危，将陵墓、宗庙等都看成是江山的象征。这次足足找了两年多时间，才找出几处地方让皇帝亲自选定。据说，最先找到一处叫屠家营的地方，因为“猪”朱同音，犯了皇帝姓朱的忌讳，不能用。再选了一处羊山，但那儿有个地方却叫“狼儿峪”，狼要吃羊，不吉利。又选过一处燕家台，不料“燕家”与“晏驾”谐音，更不吉利。最后，直到永乐七年（公元1409年），才敲定了由江西来的风水先生廖均卿等人选择的一处地方——就是现在的十三陵。

抛开风水迷信的成分，十三陵的地势也确实不错：群山环抱，林木青翠，北面天寿山主峰巍然雄峙，有如天然屏障；东边蟒山逶迤，西边虎峪山耸立，犹似龙盘虎踞，辅弼左右；南面山丘矮小，中间一块平地，“北依山势，南控平原”，宽畅通达；加上几条山溪交汇于平原中部后曲折东去，是所谓“山川大聚”、“水抱山绕”的优良地理环境。朱棣亲临此地察看后极为满意，下令吉日祭告后动工，开建他自己的坟墓陵园——长陵。

十三陵的地面建筑包括13个陵墓和一个神道。神道是一条7千米长的大路，也叫“神路”。神道的起点是一座巍峨高大的石牌坊，宽约29米，高14米，全部用汉白玉石料建成，表面饰以云龙、卧兽，雕刻精细，图案优美，是我国现存最早最大的一座仿木结构建筑的石雕艺术品。石牌坊是整个陵区的起点，具有纪念意义和鲜明的标志作用。

长陵为十三陵之首，居正中位置，其余12陵均在其两侧排列开来。长陵的地面建筑形制为前方后圆，占地面积约10万平方米。其建筑特点之一，是棱恩门、棱恩殿、明楼和宝顶等主要建筑设计建造在一条中轴线上，附属建筑对称地建于两旁。

长陵的棱恩殿是十三陵中唯一保存完好的。此殿建成于1427年，比故宫重建的太和殿还早200多年，也是我国现存最早最好的楠木大殿。棱恩殿建在3米高的三层汉白玉台基上，每层都有雕制精美的云龙望柱和栏杆，台阶中间专供皇帝走的“御路”上刻有双龙浮雕。此殿的规模是参照故宫太和殿的样子而建，面阔有九间，进深五间，重檐庑殿顶，建筑面积近2000平方米。最令人惊叹的是殿内60根柱子，全部用整根的金丝楠木做成。中央4根高达14米多，直径1.17米，要3个人合抱才能围过来。梁柱都不用油漆彩面，以显示楠木本色，故通常习称“楠木殿”。

棱恩殿又名享殿，是进行祭祀活动的殿堂，原设有雕龙大龛，供奉着成祖和徐皇后的牌位。明代每年的三大祭、四小祭，都在殿内举行。明中叶以后，改为春、秋两祭，是陵祭中等级最高、礼仪最为隆重的一种。

棱恩殿后面高耸着明楼，楼建在高15米，形似小城堡的方城（宝城）上。楼四面开门，当中竖立大石碑，碑上刻“大明成祖文皇帝之陵”9个大字。明楼是全陵的制高点，登楼眺望，远近的山川田野与陵墓诸建筑，尽收眼底，景色优美。

明楼再后就是宝顶，这是一个隆起的大黄土堆，上面已长满了树木，周围有1000米的围墙。宝顶底下就是安葬朱棣及其皇后的地宫。

其余12陵地面建筑的布局，基本上是仿长陵而建，大致相同，只是规模大小不一。一般说来，凡皇帝在位时间长的，规模较大；在位时间短或由后任皇帝建的，规模较小。最简陋的是亡国之君崇祯的思陵——它本是为田贵妃建的墓。

十三陵的地面建筑大多已非原建，但地下建筑仍无损坏。考古工作者于1956年5月开始对十三陵中定陵的地宫进行了科学发掘，出土了大量珍贵文物，揭开了“地下宫殿”之谜。

定陵是明朝第13个皇帝神宗朱翊钧的陵墓。朱翊钧10岁登上帝位，做了42年的皇帝。他21岁时就开始为自己建造陵墓，历时6年，花费白银800万两。施工期间，朱翊钧曾6次去工地视察。完工后，他还带着一批后、妃、侍从到地宫里大摆宴席，开怀畅饮，得意非凡。

定陵地下宫殿距地面27米，总面积1195平方米，由5个高大宽敞的殿堂连接组成，全部采用筒形石拱结构，是一座名副其实的无梁殿，也是目前发现的最大的皇陵悬宫建筑。前殿和中殿连接成一个长方形的通道，长58米，宽6米，高7.2米。中殿两侧是各长26米的左右配殿。后殿是地宫的主要部分，也是最大的殿，高 9.5 米，长 30.1 米，宽 9.1 米。后殿里汉白玉砌成的棺床上有 3 口棺材——朱翊钧和孝端、孝靖皇后。两旁 26 只红漆木箱里装满了殉葬物品：有金、银、玉、瓷、漆器和织锦、龙袍、衣物等 3000 多件，珠光宝气，富丽堂皇，都是稀世珍品。其中最珍贵的是金丝编成的金冠和凤冠，一顶凤冠上竟镶有 100 多块宝石和 5000 余颗珍珠，制作极为精细，可说是举世无双的国宝。

定陵地宫自建成至今，历时 400 多年，仍完整如初，没有一块石头松动，当年建筑技艺的高超，由此可见一斑。

1961 年，十三陵被列为全国第一批重点文物保护单位。1985 年又被列为第一批国家重点风景名胜区。

今天的十三陵，以它宏伟的气势、豪华的建筑、珍稀的文物和优美的景色，吸引着络绎不绝的中外游客，是一处令人向往的旅游胜地。

最大的皇家园林在哪里?

中国历史上最后一个封建王朝——满清王朝开国以后，皇帝每年都到木兰围场（在今河北省围场县）行围狩猎、巡视习武，一来可以保持民族传统，二来可以娱乐，三来可以鼓励习武之风，保卫国家江山。

为了住行方便，便在地处长城内外要冲、北京至木兰围场途中的承德建了一座行宫，一开始还比较简陋。由于这一地区气候宜人，山奇水美，地处要冲，又离北京不远，所以自康熙四十年（公元 1701 年）起开始营建大型离宫，至乾隆年间又进行了大规模的扩建，于乾隆五十五年（公元 1790 年）建成了一座中国现存占地最大的古代离宫别苑、皇家园林，占地 560 公顷。自此以后，清朝历代皇帝每逢夏季到此避暑和处理政务，这里便成了清朝的第二政治中心——承德避暑山庄，又叫热河行宫、承德离宫。

承德位于群山环抱之中，有滦河、武烈河流过，峰峦重叠，清流萦绕，是营建园林的绝佳之地，不但山峦林木茂密，峡谷深邃幽静，草地平坦如茵，溪川蜿蜒流泻，还有碧波澄澈的湖泊和涌流不绝的温泉。而且它们之间的位置关系和面积比例都天然恰当，山坡大多向阳面湖，视野开阔；湖泊平原南北连成一片，山泉溪川流入湖水，形成自然完整的水系。

承德避暑山庄

在此基础上，园林建筑师进行了精心的布局设计、规划建设，以10千米长的宫墙，将风景绝佳之地围在其中。山地占4/5，湖泊、平原占1/5，设计师因山就水，融合了我国南北园林布局的特点，出色地创造出了许多优美宜人的风景点和独具性格的建筑空间。山庄内有所谓七十二景，包括康熙用四字题名的三十六景和乾隆用三字题名的三十六景，共由100余组小建筑群组成，彼此之间没有明显的轴线可循，却又通过风景线路的意匠经营和风景构图引借承照的呼应关系，串络成一个有机的整体。

山庄内西北高、东南低，西北的山地与东南的水域颇类中国的地形。而设计师又博采全国各地风景园林艺术风格，使山庄成为中国各地胜迹的缩影。如在正宫、松鹤斋、月色江声、如意洲等处，基本上运用北方民居四合院的规划布局，而在万壑松风、狮子林、烟雨楼等建筑组群的处理上，又大量采取了江南园林建筑优雅明秀的格局。像狮子林是模仿苏州的，烟雨楼模仿嘉兴的，还有模仿镇江金山寺的小金山、效法杭州西湖的芝径云堤等，都处理得十分协调得体。

山庄可分为宫殿区、湖泊区、平原区和山岳区，创造了山、水、建筑浑然一体而又富于变化的园林。它的布局立意、造园手法在中国古代宫苑中占有重要地位。

山庄的正门位于宫墙南端，门上镶嵌有用汉、藏、满、回、蒙五种文字镌刻的“丽正门”匾额，门内九重院落组成了皇帝日常起居和处理政务的主要场所——正宫。附近是松鹤斋、东宫和万壑松风等建筑群，这是运用了“前宫后苑”的传统手法。

正宫则又按“前朝后寝”的形制，布局严谨，建筑外形简朴，装修淡雅。正宫的主殿是淡泊敬诚殿，整个大殿的木构件全部使用烫蜡楠木，因此又称楠木殿。殿阔九间，卷棚单檐歇山顶。同正宫其他建筑一样，楠木殿也不施彩画，并且梁柱和开间的尺度也都小于京师内廷的尺度。楠木殿后有四知书屋，是皇帝休息的地方，其后有皇帝的寝宫烟波致爽殿。最后是两层的云山胜地楼，出楼后面的岫云门便进入山庄的山湖游览区了。

正宫东侧是后妃们住的松鹤斋，由七进院落组成，庭中古松耸峙，环境清幽。

万壑松风在松鹤斋之北，是乾隆幼时读书处，六幢大小不同的建筑错落布置，以回廊相连，富于南方园林建筑特色。

东宫在松鹤斋之东，已毁于火，除卷阿胜境殿已修复外，其余仅存遗址。

山庄东南部的湖泊区，是山庄风景的重点。位于宫殿区之北，几条纵横交错的堤岛，把一大片湖水分割成形式各异、意趣不同的数块水面，长堤、小桥、曲径纵横相连。山庄七十二景，有三十一景在湖区。

沿湖西岸几座风格各异的小亭玉立于垂柳之间。湖的南端出水闸上建有长亭与方亭 3 座，名叫水心榭。湖中有一大岛，形似如意，取名如意洲。洲上建有观莲所、延熏山馆、无暑清凉和沧浪屿等，是帝后居住的地方。洲东另有一小院称一片云，设有戏台。

如意洲西北，又有一青莲小岛，其面积纵横不过 50 余步，洲岛之间仅连一朱栏小桥。岛上有建于乾隆四十五年（公元 1780 年）的烟雨楼。楼两层，红墙青瓦，四面有檐廊。楼前为一狭长庭院，左有青阳书屋，乾隆宠姬李贵妃曾在此吟诗作画；右有对山斋，作过乾隆的书房。

湖东一组建筑仿镇江金山寺而建，临水有一曲廊，廊后西北向的是镜水云岑殿，朝南为天宇咸畅殿，均为卷棚歇山顶。两殿背后叠有石山，山上高耸六面三层的上帝阁，阁内有梯，可拾级而上。这里是湖区建筑的制高点。凭栏远望，整个山庄的山水楼台尽收眼底。游人至此，纵览塞北江南的绮丽风光，不能不为古代园林建筑的辉煌成就而由衷感叹！

整个湖区为远山近岭所环抱，园内山岭屏列于西北；园外东南部形状奇特的磬锤峰、罗汉山、僧帽峰隔武烈河与山庄相望。更有外八庙中的普宁寺、普乐寺、安远庙隐现在群峰之中。这种“借景”手法，扩大了景区范围，增加景物层次，使湖泊区景观更为丰富多彩，使避暑山庄与外八庙形成更大范围的风景整体。

山区之东，湖区之北是平原区。

湖区北岸分布“莺啭乔木”等四座亭，是湖区与平原区的过渡，又是欣赏湖光山色的佳处。其北为辽阔的草原区，这里过去古木参天，碧草如茵，数百头麋鹿，不加束缚，任其在林间徘徊。万树园试马埭大草地上放牧着各式良驹，为山庄平添生趣。乾隆时在此搭建蒙古包，宴请少数民族首领和外国使节。

平原西侧的山脚下坐落着文津阁，是按照宁波的天一阁的布局修建的，为清代七大藏书楼之一，曾珍藏《四库全书》和《古今图书集成》各一部。

山庄的西部和北部是连绵起伏的山峦。

在苍郁的松林深处，原有几十组建筑散布于沟壑峰梁之间，如今几乎全部颓毁了。但峡中的御道，庙前的石阶，涧上的拱桥等都还有遗迹可寻。现存的“锤峰落照”、“南山积雪”和“四面云山”三座亭是后来修复的。这三座亭控制了山庄的北、西北、西三面山区。

随着地势的增高，视野便不断地扩大，不仅可以俯瞰湖区景色，而且与园外远山呼应。每当夕阳西下，从“锤峰落照”可以直望落日余晖中的磬锤峰；每当冬雪初霁，从“南山积雪”便可远眺山庄之外起伏不定的南部群山；从“四面云山”则可在淡云薄雾中一览周围崇山峻岭，在不同的时间和条件下构成情趣各异的壮丽画图。

高山之上的俯瞰，更可以看到避暑山庄及外八庙的布局精美：山庄的湖区，宛如江南景色；绿茵茵的试马埭，如北国草原的风光；万树园中参天古木，使人想到东北大兴安岭的林海；锤峰的石挺、热河的温泉又像祖国西南奇异的山川形胜；远望普陀宗乘之庙、须弥福寿之庙就像看到了西藏；而看到了安远庙，便会不由自主地联想到新疆。避暑山庄如今已成为中外游客争相前往的一处胜地。

为什么说圆明园是“万园之园”？

公元1860年，第二次鸦片战争时，英法联军侵入北京。9月4日，“联军司令部正式下令，可以自由抢夺，每个人都腰囊累累，满载而归。”

1861年1月14日，英国《泰晤士报》刊载了以《北京和平》为题的通讯，其中谈到当时圆明园被劫掠时说：“在场的每个军人都掠夺很多。在进入皇宫的宫殿后，谁也不知该拿什么东西。为了拿金子，而把银子丢了；为了镶有珠玉的时计和宝石，又把金子丢了；无价的瓷器和珐琅器，因为太大不能运走，竟被打碎。”

掠夺之后，指挥官就架火焚园。英国人温华尔曾描述过：“两天两夜的大火，熊熊地烧着，仿佛一张幔子罩着行幸处所，并且随着大风，烟雾吹过联军驻扎的营盘，蜿蜿蜒蜒到了北京，黑云压城，日光掩没，看起来仿佛像一长期日食。”

圆明园

大火之后，圆明园这座旷世名园，只留下了残垣断壁、衰草荒砂。如今，我们到北京的西北部，只能看到一个圆明园的遗址公园，几段残柱，诉说昔日的富丽堂皇；几块断砖，记录了强盗的罪恶历史。

在一片废墟之前，无论我们怎样想象，恐怕也难以想出这座驰誉中外，被誉为“万园之园”的圆明园的宏伟壮观。——它曾是北京西北郊五座离宫别苑，即“三山五园”（香山静宜园、玉泉山静明园、万寿山清漪园、圆明园、畅春园）中规模最大的一座，面积347公顷，建筑16万多平方米

(相当于整个故宫的建筑面积)，风景区150多处……如今世人赞不绝口的北京颐和园，不过是圆明园的一个外围园林。

圆明园始建于清康熙四十八年（公元1709年)，是在康熙皇帝赐给四皇子胤禛的一座明代私园旧址上修建的。胤禛登位为雍正皇帝后，扩建为皇帝长期居住的离宫，乾隆时期再度扩建。后又在园的东侧辟建长春园，在园的东南辟建绮春园，作为附园。嘉庆、道光、咸丰三朝又代代增修。前后共历150余年，而圆明园实际上应是“圆明三园”。

与避暑山庄利用自然地形地貌及山水不同，圆明园全部由人工造起。造园匠师运用中国古典园林掇山和理水的各种手法，创造出一个完整的山水地貌作为造景的骨架。圆明三园之景都以水为主题，因水而成趣、利用泉眼、泉流开凿的水系占全园面积的1/2以上。河湖水系构成全园的脉络和纽带，供荡舟和交通之用。叠石而成的假山，聚土而成的岗阜，以及岛、屿、、洲、堤分布于园内，约占全园面积的1/3。它们与河、湖、泉、塘及亭、台、楼、阁、桥、榭相结合，构成了层叠多变的百余处园林空间，这些人工创造的山水景观，既是天然景色的缩影，又是园艺匠师艺术创作的体现。

乾隆皇帝曾六下江南游览名园胜景，凡是他们中意的景致，都命画师摹绘下来作为建园的参考。因此，圆明园得以在继承北方园林传统的基础上，广泛地汲取江南园林的精华，成为一座具有极高的艺术水平的大型人工山水园。

园中有园是中国古典园林中的一种独特布局形式，圆明园在这方面可以算是典型佳例。

再有一点，就是建筑形体的变化。

圆明园的单体建筑，在平面上采用“工”字、“卐”字、“田”字、“井”字，“卐”字以及“偃月”、“曲尺”、“扇面”等形状。亭的种类采用四角、六角、八角、十字、圆形及“流杯”、“方胜”等。屋顶采用庑殿、歇山、硬山、悬山、卷棚等各种方式。游廊有爬山、叠落等，与殿宇曲折相连，变幻莫测，使建筑造型丰富多彩。

长春园北部还有一个特殊的景区，俗称“西洋楼”，是由当时以画师的身份供职内廷的欧洲籍天主教传教士郎世宁、蒋友仁等人设计监造的一组欧式宫苑。六幢主要建筑物为巴洛克风格，但在细部装饰方面也运用许多中国建筑手法。三组大型喷泉、若干小喷泉和绿地、小品则采取勒诺特尔式的庭园布局。这是在中国宫廷里首次成片建造外国建筑和庭园。如今只剩部分高大的雕刻柱石，令人触目惊心。

当时，凡有机会欣赏到这座集古今中外之大成、蔚为大观的圆明园的欧洲人，都为之赞叹不止，将其誉为“万园之园”。

圆明园作为皇帝长期居住的地方，兼有宫与苑的双重功能。因此按照传统，采取了“前宫后苑”的形制。在紧接园的正门建置一个相对独立的宫廷区，包括帝、后的寝宫，皇帝上朝的殿堂，大臣的朝房和政府各部门的值房，是北京故宫的缩影。这一部分，南起大宫门，北至九州清宴殿。

正大光明殿是圆明园的正殿，殿上是雍正手书“正大光明”四字匾额。殿堂七间，前面有宽大的月台，东西配殿各五间。皇帝每年生日受贺、新正曲宴亲藩、小宴廷臣、中元筵宴观庆龙舞、大考翰林、散馆乡试及复试，都在这里举行。1860年10月18日，英法联军临时指挥部也设在正大光明殿，在这里指挥对圆明园的掠夺和焚烧。

正大光明殿以东有勤政亲贤殿，殿堂五间，皇帝每天在这里批览奏章，召见群臣。

九州清宴和正大光明殿隔湖相望，位于前湖北岸。九州是全国领土的象征，表示大清王室对国家的主宰。它由南向的三进大殿组成，第一进为圆明园殿、中间为奉三元和殿，最北为九州清宴殿，中轴东有“天地一家春”，为后妃居所。

前湖以西还有长春仙馆，殿三进，正殿五间。乾隆即位前，曾赐居这里。

后湖景区，有镂月开云、天然图画、碧桐书院、上下天光、杏花春馆、坦坦荡荡、万方安和、山高水长、同乐园（设有戏台）等。

后湖以北，西起安佑宫，东至廓然大公、北远山村，是乾隆时期建筑的小园聚集区，有安佑宫、水木明瑟、舍卫城、文源阁（藏书楼）、廓然大公、西峰秀色、四宜书屋、北远山村等。

东湖区（福海景区）主要有方壶胜境、蓬岛瑶台、接秀山房、平湖秋月、曲院风荷等景区、小园。

圆明园中有“四十景”，以及“绮春园（万春园）三十景”、“长春园三十景”等，都是由皇帝命名题署的。园内的建筑物一部分具有特定的使用功能，如宫殿、住宅、庙宇、戏院、藏书楼、陈列馆、店肆、山村、船埠等，但大量的则是供游憩宴饮的园林建筑。

长春园在圆明园以东，建置稍晚。淳化轩是位居全园正中心的主体建筑。其他有海岳开襟、狮子林、如园、西洋楼等。

万春园（绮春园）坐落在圆明园、长春园东南方，号称三十景。嘉庆皇帝曾亲题三十景诗，道光皇帝为此专门写了跋。同治十二年（公元 1873 年），本园重修，改绮春园为万春园。

圆明园不仅是当时中国的一座最出色的行宫别苑，且对 18 世纪欧洲自然风景园的发展，曾产生一定的影响。

民俗风情

春节的由来

春节是中国民间传统节日中最重要的一个节日。春节里，天气寒冷，农事已闲，辛苦了一年的人们，用各种方式来庆贺这除旧布新的日子，所以，春节期间，又是各地民俗活动最集中、最热闹的时候。

我们现在称正月初一为“春节”，而古时候这一天却叫“元旦”。古人云：“正月朔日，谓之元旦，欲呼为新年。一岁节序，此之为首。”“元”是第一和开始的意思，“旦”是早晨的意思，“元旦”即为一年中的第一个早晨。汉武帝时，落下闳、邓平等人总结了前人“观象授时”的经验，创造了《太初历》，确定正月为岁首，正月初一为新年。从此，过农历新年的习俗就一直流传了下来。

1911 年，孙中山领导的辛亥革命推翻了中国历史上最后一个封建王朝，把公元 1912 年 1 月 1 日立为民国元年 1 月 1 日，把原来的“元旦”改名为“春节”。后来到中华人民共和国成立前夕，在 1949 年 9 月 27 日的中国人民政治协商会议第一届全体会议上决定，从新中国成立之日起，我国历法改为世界上通用的公元纪年。从此，阳历的 1 月 1 日称为“元旦”，阴历的正月初一正式定为“春节”。

一年一度的春节有着悠久的历史，早在殷商时期，每到年头岁尾，人们都要举行腊祭祈年活动，祭百神，祭先祖，感谢神灵给人们带来五谷丰收，也祈望来年的好收成。古书上说："五谷皆熟为有年。""有年"就是指收成好。所以直到现在还有"丰年"、"荒年"、"年成"这样的词语。随着历史的发展，到了汉代，过年已成为一种普遍的社会风俗。

关于过年的来历，民间流传着许多传说。"年"字，按古文的写法，是一个象形字，像个大壁虎，有头有尾，脚向四面伸开。在一个流传颇广的民间传说中，"年"是个怪兽，它行比风快，声如雷响，见人吃人，见畜伤畜，尤其到了隆冬季节食物缺乏时，"年"就出来骚扰了，害得人们不得安宁。天神为了惩罚"年"，把它锁进深山，一年只许它出山一次。每到腊月三十晚上，人们就躲在家里不出门，彻夜不睡，随时准备和"年"拼斗，因为谁也不知道"年"什么时候会闯进来。过年就像过关一样，因此把"年"叫做"年关"。

有一次，"年"又出来了，正好村子里一家人家正在烧一堆竹子，炸得啪啪乱响，"年"不知何物，赶紧逃跑。它转身看见人家绳子上晒了一件红衣裳，红颜色闪得"年"眼睛睁不开，扭头便跑。它想闯进一家弄些活物填塞肚子，谁知那家的烛光刺得它头昏眼花，吓得它赶紧躲进深山老林中，再也不敢出来了。从此，人们掌握了"年"的许多弱点，怕红色、怕响声、怕火光，因此，每到"年"出来时，人们就在门上贴上红纸、放鞭炮、敲锣打鼓、屋子里点上油灯。

"年"被人们赶跑了，但过年的习俗还是保持下来了。直到现在，每到春节这天，即大年初一，人们见面都要互相恭喜，互相"拜年"，按照古时的说法，是互相祝贺没有被"年"吃掉。既然没有被"年"吃掉，平安无事，何不弄些好东西大家好好吃一顿，以示庆祝呢，这就叫做"过年"。再到后来，正月第一天便成了欢庆除旧迎新的岁首，成为"新年"了。

说起春节的来历，还有一个美好的民间传说。

远古时，有个叫万年的青年人，聪明、勤劳、肯动脑筋。他在日常生活劳动中发现树影移动，泉水有节奏地下滴，这些使他受到启发。他想通过测日影、滴水计时的方法来把节令弄准，因为当时节令乱，农时不准，影响生产。万年经过精心观测，拿出了草历："日出日落三百六，周而复始从头来。草木荣枯分四时，一岁月有十二圆。"就在"旧岁已完，时又始春”时，万年请天子给定个节名。天子曰：“春为岁首，就叫春节吧！”万年认为自己拿出的仍是草历，还不准确，仍需继续观察，精心推算。寒来暑往，春回秋去，万年终于把太阳历定准了。当他把太阳历献给天子时，已是满面皱纹、白发苍苍的老者了。天子见此很感动，于是把太阳历命名为“万年历”，封万年为日月寿星。后来，人们把春节叫“过年”，每逢春节，家家户户都挂寿星图，就是为了纪念这位功高德重的万年。各地流传的神奇传说为春节增添了神话色彩。

按照我国的习俗，春节从广义上说是指正月初一到正月十五元宵节这段时间，狭义上指正月初一这天。这期间活动很多，有放鞭炮、拜年、舞狮子、耍龙灯、踩高跷、逛花市、赏冰灯等。

春节传统的民间习俗，寄托了人们的美好愿望和憧憬。旧时，即使再穷，春节这天也要想方设法着上新衣，盼望新的一年合家幸福，平安无事，盼望农业丰收，生活美满。

在春节期间，过去民间有许多禁忌，如初一不能扫地，免得把财气扫出门；出嫁女儿不能回娘家，怕吃穷；不能动刀剪，怕有口舌之争；饭桌上的鱼是必有的，但只看不吃，象征“年年有余”；早上家长用草纸擦不懂事的小孩的嘴，孩子如说出不吉利的话也就不算数了；下水饺时饺皮破了，只能说“挣了”，等等。这些虽然明显带有迷信色彩，但反映了人们祈求一年平安无事的良好心愿。

春节是喜庆的日子，是民俗活动最集中的节日，新的一年从此开始，新的希望也从此燃起。

正月十五为何要闹元宵？

正月十五闹元宵，
正月十五大似年，
吃块肥肉好下田。

这是流传于安徽农村的一句民谣。意思是说，元宵节就跟过年一样重要，一样热闹。过了正月十五，也就算过完了年，要准备农事，开始春耕生产了。

俗话说：正月十五闹元宵。一个“闹”字，道出了元宵节的欢腾、热烈，也道出了元宵节与其他节日的不同之处。元宵节“闹”的方式很多，有张灯、观灯、舞龙、舞狮、扭秧歌、踩高跷、跑旱船等。锣鼓喧天，满街鼎沸，游人摩肩接踵，笑逐颜开。所以有人说，元宵节是中国人的狂欢节。

元宵佳节

正月十五是春节后第一个节日，也是一年之中第一个月圆日，古时候人们认为这一天是大吉大利的日子。正月又称“元月”，夜在古代也称作“宵”，“元宵”便由此而得名。

相传元宵节始于汉代。汉高祖刘邦死后，吕后篡权夺位。吕后死后，大将周勃和宰相陈平等人平定“诸吕之乱”，拥戴刘邦儿子刘恒即位，称汉文帝。因平定叛乱的日子正好是正月十五，所以此后每逢这天夜晚，汉文帝都要微服出宫游玩，与民同乐，以示纪念。于是，这一天就被汉文帝定为“元宵节”。有人说，道教对元宵节也有重要影响。道教有所谓“三元神”，即上元天官、中元地官、下元水官，这三位官神分别以正月十五、七月十五和十月十五为诞辰日，古代称这三个日子分别为上元节、中元节和下元节。所以元宵节又叫“上元节”。

由于元宵节有张灯观赏的习俗，因此也称为“灯节”、“灯夕”。东汉时，佛教传入中国。佛教教义中将火光比作佛之威神，灯一直是佛前的一种供具。汉明帝为宣扬佛教，敕令在上元之夜，“燃灯敬佛”，并亲自到寺院张灯，以示敬佛。从此以后，元宵张灯便蔚然成风，相沿成俗。

关于元宵灯节的由来，民间还流传着这么一个神话故事。古时候，一只天鹅降临人间，被猎人射伤了。玉皇大帝非常恼怒，在正月十五派天兵天将下凡，要把地上的人畜全部烧死，为他宠爱的天鹅报仇。巨大的灾祸就要降临人间，一位仙人冒着生命危险，前来相救。他对人们说："正月十五晚上，你们家家户户燃起火把，亮起灯笼，便可免此厄运。"随后，仙人上天去报告玉皇大帝，说是已经火烧人间了，不必再劳天兵天将的大驾。玉帝率众神到南天门一看，人间果然是火光冲天，一片通红。这样骗过了玉皇大帝，人间才免遭灭顶之灾。从此，每年正月十五张灯、观灯就成为习俗流传到今天。

元宵灯节自形成后，在历朝历代都是年中的一大盛事。南北朝时，南朝梁简文帝目睹元宵灯节盛况，写下了著名的《列灯赋》。隋代，每年正月，万国来朝，朝廷将这些外国使者留到十五日，观看灯会，以显示中华之富庶。隋炀帝曾有一诗，描写当时元宵灯会之盛景：

法轮天上转，梵声天上来。
灯树千光照，花焰七枝开。
月影疑流水，春风含夜梅。
幡动黄金地，钟发琉璃台。

到唐代，元宵灯节成为固定假日，灯节从汉代时的一天增加到三天。唐代京城长安历来实行宵禁，夜晚不许人们出门，但唯独在元宵节期间的三个晚上解除禁令，以便让百姓看灯。节日之夜，长安城十里长街，游人如云，热闹非凡。崔液《上元夜》诗云："谁家见月能闲坐，何处闻灯不看来？"苏味道《正月十五夜》诗中"火树银花合，星桥铁锁开"两句更是脍炙人口，以致"火树银花"一词成了后来比喻灯光烟火绚丽灿烂的一个成语。

唐代国力强盛，社会富足，元宵灯会也成了王公贵族争强斗富的场所。据《开元天宝记事》记载，唐明皇李隆基下令建造了一座高150尺的大灯楼，光照长安。杨贵妃的姐姐韩国夫人不甘示弱，特意制作了一座"百枝灯树"，灯树高80尺，"竖立高山，上元夜点之，百里皆见，光明夺目"。到了宋代，上元张灯之俗更为繁盛。宋太祖赵匡胤下诏元宵灯节从三夜增加到五夜。我们从宋代大词人辛弃疾的词《青玉案·元夕》中，可看到当时元宵佳节的盛况：

> 东风夜放花千树，更吹落，星如雨。宝马雕车香满路。凤箫声动，玉壶光转，一夜鱼龙舞。

舞龙灯和舞狮子也是元宵节中传统的娱乐活动。舞龙起源于祈年求雨，后来成为上元传统节俗。每到元宵节，各地都组织舞龙灯，长长的龙身，蜿蜒扭转，龙身里灯光闪烁，流光溢彩，其景十分壮观。舞狮也是一项富有浓郁的民族特色的活动。舞狮一般由两人合作表演，另外还有一位扮作武士，手持彩球逗引，再配以锣鼓，铿锵有力，惟妙惟肖。

说元宵节，不能不说吃元宵。元宵俗称“汤圆”、“汤团”或“圆子”、“团子”，每到正月十五，几乎家家户户都要吃元宵。元宵用糯米面做成，有包馅和不包馅两种，包馅的元宵可甜可咸，甜的花样很多，白糖、核桃、芝麻、豆沙、枣泥、山楂、水晶（冰糖），皆可入馅；咸的有肉的和菜的，随人口味，各具特色。

元宵节吃元宵的习俗大约形成于宋代。元宵的外形团团圆圆，正月十五的月亮也团团圆圆，月圆人团圆，因此元宵作为节令食品，还具有象征团圆、和睦、美满、幸福之意。

宋代周必大《元宵浮圆子》诗中说：“今夕是何夕？团圆事事同。”今天台湾还有一句妇孺皆知的民谣“吃了汤圆好团圆”。从古至今，元宵节负载了人们多少美好的祝愿和祈望！

清明节为何要祭祖？

每年初春时节，万物复苏，柳芽争先恐后地探出脑袋，垂下“万条绿丝绦”。就在这春暖花开的时节，人们迎来了又一个民间流传很久的节日——清明节。

清明是我国农历上所制定的二十四节气之一，每年的三月初，按照历书上公历的四月五日或六日为清明。这天，人们都来到室外，奔向郊野，或祭祀先祖，上坟扫墓；或踏青春游，折柳插门。清明节民间有许多风俗活动。

清明扫墓成为民间的重要习俗，一直延续至今，只不过形式较前更为简单了。扫墓上坟的习俗也由过去一家一族祭扫列祖列宗，扩大到由组织、团体对革命先烈的集体扫墓活动。每到清明节，人们纷纷前往烈士陵园，献上一束鲜花，一只花圈，一株松柏，追念先烈为祖国献身的高贵品质，寄托我们对革命烈士的哀思。

清明节正是大地春回的时节，虽然起始于祭祀先人，但在长期的发展过程中也掺进了游娱的内容。如《东京梦华录》中就记载了清明时的郊游活动："清明日，都市人出郊，四野如市，往往就芳树园圃之间，杯盘酬劝，抵暮而归。"这种郊游活动，后来便被称为"踏青"。踏青又叫春游，古时还叫"探春"、"寻春"。所以有的地方还称清明节为"踏青节"。

古时还有"踏青挑荠"的习惯，这种习俗直到现在还可看到。每到清明前后，就有姑娘、妇女踏青，摘上一些鲜嫩的野荠菜，回来包饺子、馄饨，做圆子，清香可口，别有风味。民间有种说法："三月三，荠菜花赛牡丹，女人不插无钱用，女人一插米满仓。"有些妇女不仅喜爱插白色的小荠菜花在发鬓上，还将采集的荠菜花供奉在家里的堂屋里，或者把野荠菜花放在灶台上，据说这个小白花还能驱除虫蚁呢。

清明时节，古人还有放纸鸢、拔河、荡秋千的习俗。据史料记载，唐中宗时宫廷里就组织过拔河比赛，比赛方法和现在的拔河比赛基本相同。

清明风和日丽时，放纸鸢也是一种乐趣，自古以来都是人们喜爱的一项活动。

那么，清明节为何叫"清明"呢？据《月令七十二侯集解》载："三月节……物至此时，皆以洁齐而清明矣。"每当这节气，大自然拉开了春天的序幕，和风送暖，嫩草茂盛，燕转莺啼，春意盎然，这大概就是"清明"二字的含义。清明时节正是农耕春播的大好季节，农谚里有不少是说清明和农事的："清明前后，种瓜点豆"、"清明下种，谷雨栽秧"、"谷雨之前是清明，培育壮秧顶要紧"、"清明浸秧，勿要问爹娘"、"清明种黄豆，一天一夜拉锣头”（拉锣头，即黄豆发出的芽像锣头）、“栽树莫要过清明，种上棒槌也发青”。古代清明节还有插柳植树的活动，古诗里就有“满街杨柳绿似烟，划出清明三月天”的句子。种树能够调节气候，改良土壤，净化美化环境，是造逼于子孙后代的大好事。

端午节为什么要吃粽子、赛龙舟？

你知道我国民间传统三大节吗？它们是春节、端午和中秋。端午节为何叫端午呢？原来，“端”是“初”的意思，“初五”也可称为“端午”。古时按地支顺序推算，五月是“午月”，所以五月初五也叫“端午”。又因为午时是“阳辰”，所以“端午”也叫“端阳”。五月五日，有两个“五”，故又称“重五”和“重午”。

早在唐代，已有“端午节”和“重五节”的说法，传说唐太宗的生日是八月初五，为避“五”之讳，就改“重五”为“端午”。

关于端午节的起源，曾有许多不同的解释，其中比较有影响的是四种：一是认为端午节源自古代夏、商、周三代的夏至习俗；二是认为端午节起源于古代吴越民族对龙图腾的崇拜；三是说端午节插艾、悬菖蒲都是为了夏日驱病防病，与古俗视五月为“恶月”、视五月五日为“恶日”相应，所以端午节是起源于古代“恶月”、“恶日”说。

第四种解释，也是在民间最有影响的解释，认为端午节是为了纪念投汨罗江而死的忠臣屈原。屈原是战国时期楚国人，二十几岁时，得到楚怀王的信任，担任了仅次于宰相的左徒官职。屈原积极革新政治，受到旧贵族的打击和排挤，后来楚怀王听信谗言，疏远了他。楚顷襄王时，他被流放到南方，眼看国家一天天衰败下去，屈原怀着悲愤、绝望的心情在长沙附近投汨罗江身亡，表达了他坚持理想、坚持高洁品格至死不悔的精神。

端午节最重要的民间习俗吃粽子，相传就是为了纪念这位爱国诗人。南朝时梁人吴均在《续齐谐记》中记载：“屈原五月五日投汨罗江而死，楚人哀之，每至此日，以竹筒贮米投水祭之。”传说东汉光武帝刘秀执政的建武年间，长沙有个叫区曲的人，有一天，他碰见了一个自称三闾大夫屈原的人。这人对区曲说："多年来人们投米祭我，我十分感激，但可惜的是，这些米都被江中蛟龙夺走了。以后你们如果再祭我，可以用楝（liàn）叶塞住竹筒口，用彩丝缠好，因为这两样东西都是蛟龙最害怕的。"区曲把这件事告诉了大家，人们便照办了。

粽子，古人称之为"角黍"。东汉末年应劭在《风俗通义》中说："俗以菰叶裹黍米，以淳浓灰汁煮之令烂熟，于五月五日及夏至尝之。"应劭生活的年代比吴均要早得多，他的书里并没有提到粽子与屈原有什么关系。比吴均早一点的北魏贾思勰在《齐氏要术》中谈到粽子的做法时，也没提到屈原。另一位与吴均差不多同时的宗懔在其名著《荆楚岁时记》中记述了荆楚地区夏至日吃粽之俗，但也没有说此俗与纪念屈原有什么关系。可见，吃粽为纪念屈原的说法比较晚些，并非是粽子的真正起源，而是出于民间百姓对我国古代伟大的爱国诗人屈原的怀念和爱戴。后来，粽子与正月的元宵、中秋的月饼一起，被称为中国的三大节令食品。

端午节另一项影响极大的民俗活动是赛龙舟。赛龙舟又称龙舟竞渡，大约已有 1500 多年的历史。传说此俗的起源也与屈原有关。据说屈原五月初五投汨罗江，被当地百姓发现后拼命划船前去相救。后来就演变成端午节举行龙舟竞渡的风俗。

早在南北朝时期，就有三种关于龙舟竞渡起源的说法。一说纪念屈原，二说是纪念吴国大将伍子胥，三说与越王勾践有关。吴、越都处江南水乡，河湖交错，民间习惯以舟代车，都很有条件形成竞渡之俗。宋代高承《事物记原》说："竞渡之事起于越王勾践，今龙舟是也。"元代陈元靓《岁时广记》中说："竞渡起于越王勾践，盖断发纹身之俗，习水而好战者也。"

龙舟竞渡之俗，广泛流行于我国长江中下游地区及西南各少数民族地区，千百年来，赛龙舟已成为民间一项规模宏大的民俗游艺活动。虽然古时赛龙舟不一定在端午时举行，但如今却大都在每年的端午节前后进行，从这一点也可看到，赛龙舟源于救屈原一说在群众中有更大的影响。每逢赛龙舟，就像举行一次盛大的节日。有的地方有五六十只龙舟参赛，每只船首都安装有木雕龙头，色彩鲜艳，形态各异，有金龙、黄龙、白龙、乌龙等。比赛开始，船如离弦之箭、出山之虎。各船上鼓锣喧天，喊声阵阵，你追我赶，力争上游。河岸上，彩旗飘扬，喊声震天，万众欢腾。扣人心弦的龙舟竞渡将端午节推向高潮。

中秋节的由来

仲秋八月，秋高气爽，月色皎洁，万里澄澈，有如明镜高悬。每逢中秋佳节，亲朋团聚，共赏明月，此乃人生一大乐事。“花好月圆”，是中国人的一种美好情思。

每年的农历八月十五日，是我国传统的中秋节。每逢中秋之夜，人们要拜月、祭月、赏月，民间还流行中秋吃月饼的习俗。

你知道八月十五为什么叫中秋节？中秋节又是怎么来的呢？

一年分为四季，农历的七、八、九三个月为秋季，而八月十五正好在秋季的中间，所以便称为“中秋”。

关于中秋节的来历，民间流传着许多美丽动人的传说故事，其中最有影响的大概要数“嫦娥奔月”了。相传远古时候，有10个太阳出现在天空，晒得大地直冒烟，天下百姓难再活下去。这时，有个叫后羿的男子，力大无穷，他同情受难的百姓，一口气射下9个太阳，最后一个太阳认罪求饶，后羿才息怒收弓，严令太阳按时起落，为民造福。从此，后羿的名字传遍天下。后来，他娶了个妻子叫嫦娥。这嫦娥非常美丽贤惠，夫妻相亲相爱，生活美满幸福。嫦娥心地善良，常将丈夫射来的猎物接济乡亲，乡亲们都夸后羿娶了个好媳妇。

有一天，后羿射猎途中，碰见一个老道士。这老道士赠给他一包不死药。这药吃后就能长生不老，成仙升天。可是后羿舍不得自己心爱的妻子和乡亲，不愿自己一个人上天。回家后，他把不死药交给妻子藏在首饰匣里。

那时候，有不少人跟着后羿学艺，其中有个叫逢蒙的人是个奸佞小人，想偷吃后羿的不死药。这一年的八月十五日，后羿又带着徒弟们出去射猎了。天近傍晚，逢蒙偷偷地闯进嫦娥的卧室，威逼嫦娥交出那包不死药。

嫦娥迫不得已，把不死药全部吞下。顿时，嫦娥身轻似燕，冲出窗口，直上云天。可她一心恋着丈夫，就飞到离地面最近的月亮上安了身。

后羿回家后，不见妻子，忙向侍女打听，才知道事情的经过。他焦急地冲出门外，只见天上的月亮比往常更亮更圆，就像妻子在看着自己。后羿思念妻子，心痛欲裂，默默流泪。他让侍女在院内月下摆上供桌，上面放上嫦娥最爱吃的各种水果，遥祭远去的妻子。乡亲们也在各家院内摆上供桌和水果，遥祭善良的嫦娥。以后年年如此，代代相传。因八月十五时值中秋，人们就把这一天定为中秋节。

传说毕竟是传说。其实，中秋节最早起源于古代的祭月典礼。古时候，每年春天播种前要进行“春祈”活动，以祈求土地神赐予五谷，到秋季八月中旬，正是收获的季节，要拜谢土地神，这就是“秋祀”。秋祀是一种仪式，不仅要拜土地神，还要拜月神。因为古人认为五谷丰收离不开月亮，如果没有月亮赐予露水，没有月亮圆缺以计农时，丰收也是不可能的。据《礼记》记载：“天子春朝日，秋夕月。朝日以朝，夕月以夕。”意思说，天子在春天祭日，在秋天祭月，祭日在早晨，祭月在夜晚。可见，早在先秦时代，就有帝王在春天祭日、秋天祭月的礼制。

到魏晋时代，史书上便出现了赏月活动的记载，《晋书》上说：“谕尚书镇中渚，中秋夕与左右微服泛江”，这其实就是一次中秋夜的水上赏月之游。唐代盛行中秋赏月之俗，《开元遗事》记载：“中秋夕，上与贵妃临太液池望月”，唐玄宗李隆基曾下令在长安（今西安）太液池西岸筑一座高达百丈的赏月台，供他和杨贵妃中秋夜赏月之用，可惜此台在安史之乱中毁于战火，今尚存一台基遗址。唐代还将八月十五这一天正式定为“中秋节”。

宋代的赏月之风比唐代更盛。每逢中秋佳节，京城里所有的酒楼都装饰一新，出售新启封的好酒。街市上水果铺子堆满新鲜佳果，豪门显贵都在自家楼台亭榭中赏月，琴瑟鸣奏，至晓不绝。一般市民则争先占住酒楼上的最佳位置，以先睹月色为快，并“安排家宴，团圆子女”。

明清时代，到中秋之夜，家家设宴，以酬佳节。宫廷里的祭月活动更具规模。据说北京的“月坛”，就是明朝嘉靖九年（公元 1530 年）修造的供皇家祭月的地方。北京的颐和园，也是清朝慈禧太后率大臣、后妃和宫女祭拜月神的场所。

自古以来，中秋被人们看作是亲人团聚的节日。“月圆”象征着“团圆”，即使有时虽亲人各在异处，但当一轮明月普照九州时，人们仍可两地遥望圆月，彼此默默为对方祝福。正如苏东坡的咏月名句：“人有悲欢离合，月有阴晴圆缺，此事古难全。但愿人长久，千里共婵娟。”

中秋节民间流行家家吃月饼的习俗。其寓意也与亲人团圆密切相关。月饼起源于中秋祭月时所用的糕点。“月饼”作为一个专用名称，最早见于宋代吴自牧的《梦粱录》和周密的《武林旧事》。到明代，各类书籍中出现了大量有关中秋节吃月饼的描述。田汝成的《西湖游览志余》中说：“八月十五谓之中秋，民间以月饼相遗（wèi），取团圆之义。”沈榜的《宛署杂记·民风》中“八月馈月饼”条的注说：“士庶家俱以是月造面饼相遗，大小不等，呼为月饼。”清代，月饼的制作更为精美，有的已成为驰名节令食品。《燕京岁时记·月饼》中说：“中秋月饼，以前门致美斋者为京都第一，他处不足食也。至供月饼，到处皆有，大者尺余，上绘月宫蟾兔之形。有祭毕而食者，有留至除夕而食者，谓之团圆饼。”

民间还流传着一些有关月饼来历的传说，其中流传较广的一种说：元朝末年，朝廷害怕老百姓起来造反，制定了许多苛刻的规定，严禁民间用铁制的武器，规定10家合用一把菜刀。朝廷的高压统治，使百姓恨之入骨。为了推翻元朝的残暴统治，江苏高邮人张士诚暗中串联，利用中秋节民间互相馈赠月饼的机会，在月饼里夹一张字条，约定中秋之夜举行起义。到八月十五的晚上，各家掰开月饼，看见字条，便纷纷夺取菜刀，揭竿而起。从此，中秋夜吃月饼的习俗就一直流传至今。

现在，月饼已成为我国的传统糕点。由于我国制作月饼历史悠久，各地又采用不同的原料和工艺，也就形成了具有独特地方风味的月饼，其中最著名的有京式、广式、苏式、滇式几种。

乞巧节的由来

有的女孩出生于农历的七月初七，也许家里的老人会给她起上一个好听的名字，如“巧妹”、“巧珍”、“巧娣”、“巧凤”、“巧巧”等，为什么这些名字里都有一个“巧”字呢？原来农历七月初七是我国传统的乞巧节，民间传说中的牛郎织女就在这天要在鹊桥上相会。这些个“巧”字寄托了老人们对新生女孩儿的美好祝愿：七月初七出生的女孩儿，必定像天上的织女一样心灵手巧。

乞巧节，也叫“姑娘节”。七夕乞巧，顾名思义，就是农历七月初七这天，趁牛郎织女鹊桥相会的时候，年轻的妇女和姑娘们向织女祈祷，求她传授纺纱、织布、缝衣等技艺。传说中的织女既年轻美丽又心灵手巧。她心地善良，乐于助人，每逢七夕这天就把“巧”传授给人间的姑娘。“七夕”伴随着织女牛郎的故事成为一个隆重的节日。古时候人们对一年一度的乞巧习俗很重视，各种内容和形式也很有趣。流传最广的当数“对月穿针”，也叫赛巧；还有卜巧，包括“喜蛛”、“巧菜”等。

乞巧节是女子的节日。相传七月初七牛郎织女相会，这天傍晚时分，家家户户把庭院清扫干净，年轻妇女和姑娘们向织女星虔诚地跪拜，乞求织女保佑自己心灵手巧。然后她们把事先准备好的五彩丝线和七根银针拿出来，对月穿针，谁先把七根针穿完，就预示着将来她能成为巧手女。唐代诗人祖咏的《七夕》诗描绘的就是姑娘们乞巧穿针的事，诗中说：“向月穿针易，临风整线难。不知谁得巧，明月试试看。”可见这不仅需要乞巧者眼明手快，还须天公作美。

乞巧节最后的节目该是“听天语”了。夜阑人静时，年轻的妇女、姑娘们三五一群，相邀聚在葫芦架下或瓜豆棚底，偷听牛郎、织女鹊桥相会时说的悄悄话，这大概是想分享牛郎织女欢聚的喜悦吧。

乞巧习俗据说最早始于秦地，后逐渐传入中原和全国，距今已有 2000 多年的历史。“乞巧”从南朝开始至清末民初一直不灭不绝，是姑娘们及年轻妇女们喜爱的节日，这充分反映了当时妇女追求美好，渴望心灵手巧，企盼幸福美满生活的愿望。

日本也过七夕，据说是中国传去的习俗和日本固有的信仰相结合而形成的节日。在庭院前，人们供上玉米、茄子等，把写着歌或字的五彩诗笺装饰在细竹上面，祈祷女孩子的手艺像织女一样灵巧。

重阳节是怎么来的?

金秋十月，风高气爽，人们扶老携幼，高高兴兴地到公园去观赏菊展。那一盆盆、一簇簇傲霜怒放，五彩斑斓的秋菊，在阳光的映照下，鲜艳夺目，令人流连忘返。许多人还要买上一两盆自己喜爱的品种，带回家去，天天观赏。金秋的菊花使满室生辉。

说起赏菊，就要提到重阳节。

阴历九月九日为重阳节，古人以九为“阳数”，九月九日是双九，所以这一天为重阳日。古时重阳节的习俗是很多的，有登高游览、饮酒赏菊、佩插茱萸、蒸吃花糕等。

说到重阳节，又要提到一个具有浓厚神话色彩的传说，说到一位叫费长房的人。

民间传说费长房是西汉时人，当过小官。一天，城里来了一个卖药的老翁，租一家店铺开起药店。他在门口挂了个壶，做完生意就跳到壶中，市中无人发现这个秘密，不过却让费长房在楼上无意中窥见了。费长房好生奇怪，第二天他就去拜访了那位老翁。

原来那位老翁是天上的神仙，因为犯了过失被贬谪到人间的，现在已经期满，准备回天上去了。老翁一时兴起，领着费长房一起跳入壶中。哇！里面是一座富丽堂皇的玉殿，挂满了各种美酒。老翁和费长房对饮佳酒，畅谈不已。费长房真想跟老翁一起去求仙，可又舍不得家庭。老翁就砍了一根竹竿，变成长房的模样，悬在他家屋后，家人以为长房上吊死了，举家痛哭，费长房这才跟上老翁修道去了。

费长房去了十多年，受老翁的指点，能医治百病，驱使鬼神。有时能一日之内出现在千里以外好几个地方。当时有个叫桓景的，跟着费长房学道。有一次，费长房告诉他，九月九日那天，你家将有大难，你应做个红色布袋，装上茱萸系在手臂上，然后登上高山，喝菊花酒，祸事就可以免掉了。桓景听了这话，在重阳那天带着全家人，按费长房说的去做了。傍晚回到家里，发现家里的牛羊鸡犬全都暴死了。有了这个传说以后，每年的重阳日，人们都去登高、插佩茱萸、饮菊花酒，相沿成习，流传了2000多年。

其实，重阳正值深秋，暑气渐消，天高气爽，秋风徐来，正是登高远望的好时光。所以每到重阳节，无论男女老少，都在头上帽子上插着菊花，拎着盛满茱萸的袋子，成群结队地登临高处，尽情玩赏。我们都知道王维那首最脍炙人口的诗《九月九日忆山东兄弟》，说的就是重阳节登高："独在异乡为异客，每逢佳节倍思亲。遥知兄弟登高处，遍插茱萸少一人。"为什么要插茱萸呢？茱萸是一种药用植物，又名"越椒"，古人称其为"辟邪翁"，传说它有辟邪神功。其实这种植物有浓烈的香味，有驱虫、除湿、逐风邪、治寒热等作用。那么身戴茱萸登山，不就非常有益于健康了吗？

重阳节，人们还有饮菊花酒的习惯。菊花酒是把菊花放入酒中泡制而成的一种酒。不过历代的泡制方法不尽相同。晋代的做法是："采菊花茎叶，杂秫米酿酒，至次年九月始熟用之。"而明代的菊花酒是用"甘菊煎汁，同曲、米酿酒。或加地黄、当归、枸杞诸药亦佳"。相传重阳节喝了菊花酒，可以延年益寿。

赏菊、饮酒、赋诗，是古代文人的高雅之举，文人为后世留下了许多佳作，如南宋著名女词人李清照在《醉花阴·重阳》一词中就留下了"佳节又重阳"的赞句。唐初著名诗人王勃所作的流传千古的名篇《滕王阁序》，就是在重阳节宴席上借酒助兴写成的。

重阳节赏菊的习俗流传至今。古称九月为"菊月"，每年九月，菊花千姿百态，我国几乎每个城市的公园都要举行菊展，供人们观赏。菊花的品种繁多，五颜六色，而以黄为正，因而，我国不少地区又叫菊花为"黄花"，称重阳节为"黄花节"。

重阳节的另一个习俗便是吃重阳糕，因为糕与"高"谐音，意为步步高升，兴旺发达。人们用江米、黄米、小枣等原料做成蒸糕，上面还插上五色小旗，称之为"花糕"，用它馈送亲朋好友，登高游览也带上花糕作为食物。住在平原的百姓，重阳节无高可登，吃了花糕，以示登高，也颇有意义。有些地方到重阳节还要把出嫁的女儿接回来吃糕，所以也称这天为

“女儿节”。《宛署杂记》里有记载：“九月蒸花糕。用面为糕，大如盒，铺枣二三层，有女者迎归，共食之。”

古时重阳节还被赋予“长寿”的内容。魏文帝曹丕在《九月与钟繇书》里说到这个节日“以为宜于长久”，文中提到了传说中活了八百多岁的长寿老翁彭祖，说明吃了重阳糕是能使人健康长寿的。《西京杂记》中，叙述了重阳习俗之后，也说这些习俗能“令人长寿”。

最近一些年来，人们赋予重阳节这一民间传统佳节以新的内容，许多省市都把重阳节日同中华民族尊老敬老的优良传统结合起来。这大概是取“九月九日”的“久久”谐音吧，人们将这天定为“老人节”、“敬老节”。这既沿袭了重阳节原有的含义，也表达了人们敬老爱老，祝愿老人健康长寿的美好意愿。

生肖是怎么来的？

十二生肖与中国古代的“干支纪年法”密切相关。中国古代用“十二地支”，即子、丑、寅、卯、辰、巳、午、未、申、酉、戌、亥，来记录年份的顺序，以12年为一个周期。再配上“十天干”，即甲、乙、丙、丁、戊、己、庚、辛、壬（rén）、癸（guǐ），形成“六十甲子”（甲子、乙丑、丙寅、丁卯……），以60年为一个周期。现在的日历上，农历仍用干支来纪年，如1994年是农历甲戌年，1995年是农历乙亥年。

“十二地支”也叫“十二支”。据专家研究，十二支与12种动物的对应关系，大约在2500多年前的春秋时代就已经初步确立了。但是完整的“十二支”配12种动物的说法，在文献上最早见于东汉王充的《论衡》。那时的说法已经与今天完全一致，即子鼠、丑牛、寅虎、卯兔、辰龙、巳蛇、午马、未羊、申猴、酉鸡、戌狗、亥猪。也是约在东汉时代，12种动物与人的诞生年份相联系，成为人的“生肖”、“属相”，子年生人属鼠，丑年生人属牛，如此等等。

令人感到奇怪的是，为什么古人偏偏选中这12种动物来表示“十二支”呢？

古人为这个问题也争论不休。宋代洪巽在《旸谷漫录》中说：子、寅、辰、午、申、戌都属阳，所以就选那些与奇数有关的动物，鼠、虎、龙、猴、狗都有5个脚趾，而马是单蹄；丑、卯、巳、未、酉、亥都属阴，所以就选那些与偶数有关的动物，牛、羊、鸡、猪都是4个脚爪，兔是两爪，蛇虽无爪，但舌分两叉，也算是偶数。

十二生肖图

明代叶世杰在《草木子》里又提出新的看法：方士术家以12种动物配一天里12个时辰，这里有个规律，就是各种动物都有不足的地方。如鼠无牙，牛无齿，虎无脾，兔无唇，龙无耳，蛇无足，马无胆，羊无瞳，猴无臀，犬无胃，猪无筋，只有“人则无不足也”。

明代郎瑛则以为这与12种动物的生活习性有关，他在《七修类稿》中说：“子为阴，极函潜隐晦，以鼠配之。午为阳，极显明刚健，以马配之……”

以上几种说法，各有各的道理。然而，根据文化史学家的分析，这些动物与十二支的对应关系起源于远古时人们对动物的原始崇拜。远古人发现一些动物比人类强大，便产生畏惧，由畏惧又演化成崇拜，希望自己也能同这些动物一样凶猛、强大。还有一些动物虽然不如人类强大，却各有各的特殊本领，如马的善跑、猴的灵巧，人们便希望自己也能学会这些特殊本领。中国古代有本奇书，叫《山海经》，这本书里就记载了不少半人半兽的神灵形象和以两种动物的形象为基础所构成的合体动物。这许多奇特的动物在自然界里当然是没有的，它们是人类想象的产物，是原始人崇拜动物的产物。

人们从自己最熟悉的动物中选出了生肖动物。十二生肖中的12种动物，除了龙以外，都在四五千年前就与人类生活有着密切的关系，它们要么是人类狩猎捕捉的对象，要么是被人类饲养的家畜家禽。

那么，十二生肖为什么按照“鼠为大，牛次之”的顺序来排列呢？

这里有一个有趣的故事。我国民间有个传说，很久很久以前，轩辕黄帝要挑选12个动物担任宫廷侍卫，各种动物都希望自己能被选上，纷纷涌去报名，这天猫不知有什么事不能亲自去报名，就委托老鼠代报。老鼠怕猫选上，就故意把这事忘了，结果使猫连名也没报上，因此后来十二生肖里便没有猫。猫为此事便与老鼠结为冤家，世代为仇。大象本来也很有希望入选，但被老鼠钻进了象鼻子。这样老鼠硬把大象赶跑了。

剩下的12种动物里，大伙儿原来都推举牛当老大。老鼠不甘心，它窜到牛背上，说：“我能驾驭牛，我应该当老大！”猪也在一边跟着起哄，这样大伙儿便糊里糊涂地让老鼠坐了第一把交椅。龙和老虎不服气，被封为海中之王和山中之王，排在鼠和牛的后面。但是这样兔子又不服，提出和龙赛跑，结果兔子赢了，又排到龙的前面。狗一看恼了，一气之下咬了兔子，结果被罚在后面。其他各种动物也都经过了一番较量，一一排定座次，最后形成了现在我们熟悉的这个顺序。

长期以来，十二生肖被涂上了一层迷信的神秘色彩。过去民间认为生肖、属相与一个人的命运有极大的关系，由此形成许多迷信与禁忌。比如，青年男女都愿意在龙年生儿育女，因为龙年生下的孩子都是“龙子龙孙”。又如，民间认为属龙的和属虎的男女不能婚配，有“龙虎不相容”之说；属羊的与属鼠的也不能婚配，有所谓“羊鼠一旦休”的说法；鸡狗相配则鸡犬不宁，虎羊相配则羊入虎口，蛇马相配是蛇缠马脚等。这种无稽之谈早在东汉时就受到了王充的批判，王充指出这种迷信的自相矛盾之处，认为是毫无道理的。

生肖文化的世界性现象引起了世界上许多学者的兴趣。生肖是在哪个国家或地区首先发生，然后传播到世界各地去的呢？还是由不同的地区和民族独立地产生的呢？这到目前为止，还是一个尚未完全解开的文化之谜。

“日、月、年”和历法是怎么来的？

太阳给人类带来光明和温暖，太阳的升沉又是那么有规律，中国古人很早就形成了“日出而作，日入而息”的劳动习惯，对于太阳怀有无比崇敬而又亲切的感情。所以他们给太阳起了很多好听的名字，像金乌、金虎、曜（yǎo）灵、阳乌、阳精、大明、火轮、赤乌等，这些名字有的是对于太阳的形象描述，比如大明、火轮；也有的充满古人关于太阳的神奇想象，比如金乌、阳乌，就是因为他们想象太阳中有极大的金黄色三足乌鸦。既然太阳对于中国古人的生活这么重要，和古人的关系这样密切，所以，以太阳的出没，昼夜的交替来作为基本的时间单位是再自然不过了。中国古人直接以表示太阳的象形字来计算昼夜交错的一个周期。

月亮在夜晚给人类送来皎洁的清辉，为处在黑暗中的原始初民提供了极大的方便。古人关于月亮的想象也是很丰富的，他们认为月亮上有月宫，美丽的嫦娥、可爱的玉兔在桂花下捣药。所以，他们又用玉兔、桂宫、素娥等好听的名字来称呼月亮，月亮的圆缺有定规，所以古人也很自然地选择月亮的变化周期作为大于日的时间单位。又直接用表示月亮的象形字来计算月亮圆缺的一个周期。这个周期一“月”在二十九天到三十天之间。聪明的古人就安排了大月和小月，大月三十天，小月二十九天。

“年”这个字在甲骨文里意思是庄稼成熟，直到金文才用来作为时间单位：表示年岁的“年”。庄稼从耕种到收获的时间正好是一年，它是寒暑更替的一个周期，也是地球围绕太阳转一圈的时间。

以月亮一个月的变化为依据规定历法叫阴历，以太阳一年的变化为依据规定历法叫阳历。中国古人用的是阴阳合历，就是“月”按月亮的变化计算，“年”按太阳的变化计算。但这两样并不是正好合在一起的，于是就有了平年和闰月。平年有十二个月：六个大月，每个月各三十天；六个小月，每个月各二十九天。全年一共三百五十四天。但是这比太阳的变化周期——三百六十五天要少十一天多，三年下来就要相差三十多天，这三十多天正好又可以安排一个月，这就是闰月。一般来说，五年之中要有两次闰月，才能使阴历、阳历的时间基本保持平衡，安排了闰月的那一年就有十三个月。

我国已经知道的最早历法是夏朝规定的，称“夏历”，也就是现在所说的“阴历”，夏历以正月为一年的开始；殷朝的历法称“殷历”，它以夏历的十二月为一年之始；周朝的历法称“周历”，以夏历的十一月为一年之始。

春秋战国时代，这三种历法在不同地区使用，所以那时候的书所写的时间是不完全一致的。秦始皇统一中国以后，以夏历的十月为一年的开始。一直到汉武帝太初元年（公元前104年），又改用夏历，从此以后2000多年，中国一般都用夏历。

农作物春天播种，秋天收获，周而复始，这给了古人极深的印象。直到西周前期，古人还是把一年只分成春秋两季，春秋合起来就是一年，所以后来又把一年称为“春秋”。冬夏是后来从原有的春秋两季里分出来的。

有了四季的区分，人们又把夏历的正月、二月直到十二月按顺序分为孟春、仲春、季春，孟夏、仲夏、季夏，孟秋、仲秋、季秋，孟冬、仲冬、季冬。

古代关于时间的称名，用的都是会意字或形声字，这些字大多带有“日”或“月”的意符。请看——

一天之内的计时，古人主要依据太阳，比如：

[旦]“一”是大地，太阳在大地上，表示天亮。

[早]“十”原来写作“甲”，“甲”像人头。太阳在人头的上方，正是早上。

[晨]“辰”表示这个字的读音，也表示“时间”，“晨”的古文字表示农民下田的时间，是早晨。

[朝] 左边的“草”表示太阳已在草丛中，右边的“月”表示月亮还没下去，合起来表示早晨。

[日中] 太阳正当中，表示中午。

[昼分]“昼”是白天，把白天分成两半。

[暮] 它的古文字表示太阳在草丛中，是太阳下山的时候。

[昏]“氏”是“氐”（“低”的古文字）省去“、”，太阳低下的时候，

正是黄昏。

古人关于一月之中某些日子的称名，主要依据是月亮。比如：

[朔] 月尽之后又重新出现。每个月的第一天。

[望] 月亮圆满。指大月十六、小月十五。

[既望] 紧接在“望”后面的日子。

古人关于一年之中季节、节气的称名，主要依据是天气和动植物的变化。比如：

[春] 它的古文字表示太阳照耀，草木初生。

[秋] 禾谷成熟。

了解了汉字“日”、“月”、“年”和古代历法的关系，我们会发现：

古代以太阳、月亮和气候、物候的变化作为制定历法的依据，这是处于农业社会的中国古人最科学、最自然的选择。

根据自然万物的变化制定历法，说明中华民族自古以来就同自然息息相关。他们通过制定历法，进一步掌握自然变化的规律，使自身与自然的关系更加和谐、亲密。

时间本身是抽象的，古人却在自然界万物有规律的变化中，把握到看不见、摸不着的时间，并且直接以日、月、年、天气以及各种动植物的变化作为时间的称名。这说明中国古人的观察力十分敏锐，他们对于世界的把握非常具体、非常形象。

二十四节气是如何来的？

立春、清明、夏至、立秋、冬至……这些节气的名称，少年朋友们都很熟悉，特别是家住农村的孩子们，经常听到长辈们念叨，更是耳熟能详了。

二十四节气是中国古代人民一项了不起的发明，是世界上一种独一无二的历法。随着中国古代历法的对外传播，从近代起，又随着华侨的足迹所至，二十四节气已在全世界广泛流传。可是，你知道这二十四节气的来历吗？

二十四节气的发明，与中国古代发达的农业和科技有很大的关系。农业生产与季节、气候关系非常密切，我国古代劳动人民很早就知道了气候变化与太阳的位置有关，所以，就发明了用土圭（guī）来观测日影，以此来决定季节。所谓“土圭”，其实就是一根简单的杆子，把杆子插在土里，阳光就会在地上投下一条影子（日影）。古人每天中午测看日影，发现一年里日影的长度发生着很有规律的变化：从夏到冬，日影由最长逐渐变到最短；从冬到夏，日影又从最短变成最长。于是古人把日影最长的那一天和最短的那一天统称为“日至”。“至”就是到顶的意思。他们把日影最长的这天，叫做“日长至”，或叫“长至”，也就是“夏至”，把日影最短的这天叫做“日短至”，或叫“短至”，也就是“冬至”。

后来，古人又在春、秋两季里，发现各有一天白天和夜晚的时间相等，于是就规定这两天分别为“春分”和“秋分”。

到战国后期的《吕氏春秋·十二月纪》里，已经记载了立春、春分、立夏、夏至、立秋、秋分、立冬、冬至这八个节气的名称。这八个节气是二十四节气中最重要的节气。

二十四节气的全部名称，最早出现在西汉的《淮南子》一书中，距今已有2000年。从地下出土的文献完全可以证明，我国在西汉时期就已经用节气注历，所以早在2000多年前，古人只要观看历书，就能很方便地掌握季节了。

二十四节气的名称，都是古代人民从生产、生活实践中概括总结出来的。这些名称的含义有的属于天文学方面，有的属于气象方面，也有的属于物候和农作物方面，基本上反映了一年中各个季节和时令的特征。

(1) 反映不同季节的，有八个节气：

立春：立是开始的意思，春的本意是草木生长，表示万物开始活动，春天从此开始。

春分；这一天是春季90天的中分点，这一天昼夜时间相等。

立夏：夏天从此开始。

夏至：这一天白天最长，黑夜最短，中午太阳位置最高。炎热的夏天到了。

立秋：秋天从此开始。

秋分：这一天是秋季90天的中分点，这一天昼夜时间相等，和春分一样，太阳从正东升起，正西落下。

立冬：冬天从此开始。

冬至：这天白天最短，黑夜最长，中午太阳在天空中位置最低，日影最长，严冬到了。

（2）反映物候现象的，有四个节气：

惊蛰（zhé）：春雷响动，惊动蛰伏地下冬眠的生物，它们将开始出土活动。

清明：天气晴朗明洁，气候温暖，草木开始萌芽发青。

小满：麦子等夏熟作物开始结籽灌浆，即将饱满。

芒种：有芒的麦子即将收割，此时也是秋季作物播种的最繁忙时节。

（3）反映气候变化的，有十二个节气：

雨水：降雨开始，雨水逐渐增多。

谷雨：雨生百谷，适时的雨水对谷物生长十分有利。

小暑：暑是炎热，天气开始炎热。

大暑：炎热的程度到达高峰。

处暑：处是住的意思，表示暑天到此结束。

白露：地面水气凝结成露，呈白色，天气渐凉。

寒露：水露先白后寒，天气逐渐转冷。

霜降：开始降霜，天气寒冷。

小雪：开始降雪。

大雪：雪量增大，天气更加寒冷。

小寒：严冬来临。

大寒：天气寒冷到达顶点。

由于二十四节气能全面准确地反映季节和气候的变化，与农业生产关系密切，因此具有很强的实用性。我国古代劳动人民结合二十四节气，编出了许多掌握农时节令的歌诀、农谚，一直流传到今天。根据节气，人们能很熟悉地知道该干什么农活了。比如“小满前后，安瓜点豆”、“清明谷雨两相连，浸种耕田莫迟延”、“栽树莫要过清明，种上棒槌也发青”、“冬至菜花年大麦”、“冬至有霜年有雪”、“冬至多风，寒冷年丰”，等等。二十四节气和这些根据各地不同气候特点编制的农谚、歌诀，大大帮助和促进了我国农业生产的发展。所以，公历虽然已在我国使用几十年了，但是二十四节气在我国仍然非常流行。我们现在的日历上仍然可以查到它。

二十四节气是以日影的观测为依据来制定的，从日影最长的那天到下次日影最长的那天，正好是地球环绕太阳公转一周的时间，即365日5时48分46秒，这比以365日为一年的阳历更为精确。所以，二十四节气就能更准确地反映季节、气候的变化，还能克服阴历里经常出现的气候到了而节气没到，或者节气到了而气候未到的现象。

我国独创的二十四节气，突出地反映了我国古代劳动人民的聪明智慧，也是我国对世界天文学和农学的一个重大贡献。

既然二十四节气这么重要，有人就把它们编成一个简单的口诀，帮助大家记忆、掌握：

春雨惊春清谷天，
夏满芒夏暑相连，
秋处露秋寒霜降，
冬雪雪冬小大寒。

希望你能记住它，运用它。

丧葬风俗怎么来的？

“殡葬”的意思是殡殓、埋葬，从释义看，“殡”和“葬”是两个词。死者入殓后，停放在棺材里，等待埋葬叫“殡”，所以，《说文》对“殡”的解释是：“死在棺，将迁葬柩。”至于“葬”，古文字，是个会意字，表示死人在草丛中，《说文》解释说：“葬也者，藏也；藏也者，欲人之弗得见也。”把死者藏起来，让人看不到，也就是掩埋尸体的意思。

“殡”和“葬”，是中国古代丧葬活动中两个重要的环节，因此，“殡葬”的语义和关于殡葬的一些细节，可以从一个侧面反映古代中国的丧葬风俗。

从历史上看，“葬”出现在“殡”之前，早在原始社会就有了。“殡”究竟出现在什么时候，还没有见到确切的史料。不过，从《说文》“夏后殡于阼阶”这句话来看，可能不会晚于夏朝。大概人死后，他的亲属不忍心马上把死者掩埋掉，于是，就产生了一种缓解心理悲痛的方式：守尸，“殡”或许就是从守尸演化而来的。

从丧葬活动的程序看，“殡”在“葬”之前，《北史·高丽传》：“死者，殡在屋内，经三年，择吉日而葬。”可见古人是先殡后葬。

古人对“殡”很重视，并且有细致的礼仪规定。周礼规定天子七日而殡、诸侯五日而殡、大夫三日而殡。殡的时间各有长短，地点也很讲究，如夏朝把死者殡在东面的台阶；商代把死者殡在堂屋前部的两根柱子之间或者殡在祖庙之内；周代把死者殡在西面的台阶。殡具也因死者的身份而异，国君“殡以牟看（chūn）”、大夫“殡以帱（dào）”，就是国君死后用柩车殡，大夫死后用棺衣覆盖。而女子死后“殡祭不于正室”，那是因为封建社会女子地位卑下的缘故。

“殡”，常常伴有一些仪式。古人在殡期，每天日出、日落的时候，都要举行祭奠，以示哀悼。水族把停棺吊丧叫做“屯亥”，屯亥一般分为三个阶段，首尾阶段各七天，中间阶段五天。棺材停放在中堂，依亡命年龄分别取三、五、七、九面铜鼓悬吊，配上锣、钹，以点击的锣音为节，日夜鸣击。水族崇尚铜鼓，认为它是祖传神器，鼓声可以惊动神仙、海龙，鸣鼓屯亥为的是使神仙来给亡灵引路，使死者上天成仙或入海成龙。有些民族在出殡前夕，还要请祭司吟诵本民族的古歌或神话史诗，如侗族要吟诵《祖源歌》，苗族要吟诵《苗族古歌》，阿昌族要唱《遮帕麻和遮米麻》，这些古歌或神话史诗的内容，都是叙述开天辟地的经过和本族祖先的创业经历，它们被当作“经书”，多半都在祭祖神和殡期吟诵。在殡期吟诵祖先的创业史，为的是把祖先的业绩深深地铭刻在生者的记忆中，用生者对死者的崇敬，来缓解生者因死者形体消亡产生的心理悲痛。

古人先殡后葬，“葬”是丧葬活动的最后一道程序。

从葬法看，土葬和火葬是使用地区较广的两种。

土葬是中国的传统安葬方式，汉族、古代匈奴、突厥、苗族、傣族等，都以土葬为主；火葬在古代少数民族先实行，四川、湖南、贵州边境的土家族和傣族僧侣过去多用火葬，青海土族、藏族从古到今都用火葬。建国以后，由于政府提倡，火葬逐渐在全国各民族实行。

除了土葬和火葬以外，还有很多葬法。比如青藏高原、云贵高原、沿海地区和傣族临水而居的地区，过去流行水葬。藏族、景颇族流行天葬。古代西南地区流行岩葬。西藏高僧采用药物存葬，俗称“肉身喇嘛”。在原始部落，还有死者亲属分食死者肢体的腹葬。

从葬礼看，古代讲厚葬，现代讲薄葬。

从二里头夏文化遗址发掘的中型墓葬看，当时的随葬品就已经十分丰富了。到了商代，厚葬的风气更盛，例如商代第二十三代王武丁的嫔妃妇好的墓葬，墓穴长约6米，宽4米，深7.5米，出土随葬品1928件，其中青铜器468件，还有玉、石、陶、象牙等器具，包括礼器、乐器和兵器，另有生活用具和其他工艺品，制作都很精美。随葬殉人16个，殉狗6只。可见，当时贵族阶级的厚葬，是相当奢侈的。厚葬是希望死者在阴间也能享尽生前的荣华富贵。这种风气在古代很盛行，现代社会则倡导厚养薄葬，子女们应在老人生前尽力奉养，使他们居安食美，心畅神爽，死后则“丧事从简”。从厚葬到薄葬，反映出中国社会从“事死如事生”，到重视生前的观念变化。

生活百科

“生物钟”是怎么回事？

众所周知，许多生命活动犹如太阳升落、月亮盈亏、四季交替等一样地有规律，一样地守时。如鸡的晓啼，猫的昼伏夜出，燕子的春来秋往，豌豆叶夜间下垂而白天竖起等，不胜枚举。这种现象不仅表现在各种动植物中，也存在于人类的生命活动中。例如：不用上闹钟，人们会在一定的时间醒来；人的体温早晨低，黄昏高；人的情绪有时好，有时坏；人的体力有时好，有时差；人的血压、血糖、尿量及其成分等每天有节律地发生变化。英国有科学家对数十名学生进行测试发现：上午 8 时，严谨周密的思考力最佳；下午 2 时，思考力最敏捷；下午 8 时，记忆力最好。因此提议最好在清晨做一些严谨的工作，需要快速完成的事最好安排在下午 2 时，需记忆的学习或工作可以放到下午 8 时。当然这科规律因地因人而异，不可生搬硬套，但由此可以发现人的思考记忆能力也有节律性变化。类似的波动还可举出很多。科学家们发现，从最简单的单细胞生物直到结构繁复的人类，许多生理机能甚至形态结构都可随着昼夜的流逝或季节的变迁而周期地波动。这种波动具有节律性和守时性——像钟一样守时。科学家们把这种节律性的波动称为生理节律，而协调或偶尔产生这些守时节律的结构便被称为“生物钟”。

越来越多的研究表明，“生物钟”主要存在于脑内。尽管目前尚未搞清这些“生物钟”的精确数目及其作用机制，但许多学者认为松果体是爬行类和鸟类的“生物钟”，位于下丘脑前部的视交叉上核则可能是哺乳类的“生物钟”。正是由这些“生物钟”接受外界的时间变迁信号，与其内在的生理节律相协调或偶尔产生同步的节律活动，直接或间接地控制着机体的各种节律性活动，赋予机体一种内在的、精确的计时本领和生理节律的周期性。

“生物钟”一旦被扰乱，人的正常生理活动就会受到影响，甚至于产生疾病。如乘飞机作跨时区旅行出现的头晕、疲乏、不思饮食等时差反应；经常睡眠不规律出现的夜间睡不着，白天心情不悦、疲惫、打呵欠等睡不醒的现象都是“生物钟”紊乱的缘故。

了解了“生物钟”，有助于我们更科学而合理地安排工作、学习和生活，更大限度地发挥人类的智慧与潜能。例如有报导认为：对一般人来说，从18点到22点是一天中精力、记忆力、神经和脑电活动的高峰时期，合理地利用这一高峰期就可以提高学习与工作的效率。此外，了解了“生物钟”还有助于医务人员选择时间诊断和预防疾病，以提高其成功率，选择时间用药以成倍地提高其疗效；有助于合理地安排宇航员或潜艇员的作息制度，促进航天、航海等事业的发展。

我们为什么会做梦？

谁都做过梦，有心惊肉跳的噩梦，也有心旷神怡的美梦，可是梦究竟是怎么回事，却有很多不同的回答。有些有迷信思想的老年人也许会说，梦是灵魂离开躯体后的另一种生活。有人却认为梦是个人私欲的“潜意识”，在白天清醒时，这种“潜意识”被现实的社会道德观等所压制，只有在睡眠的状态下才通过梦的形式表现出来。其实这些说法都是唯心的、不科学的。

随着科学的发展，睡眠之谜被打开，梦之谜也随之被解开。原来人的睡眠不是一个单纯的、始终如一的状态，不但入睡的程度上有深浅之分，而且整个睡眠过程可以划分为若干阶段，这种阶段性是由两个本质上不同的时相交替进行形成的。一种是所谓的“慢波睡眠”，就是人们早已了解的睡眠形式。在该阶段中，瞳孔缩小，血压降低，脉搏变慢，出汗减少，呼吸缓慢，代谢降低、描记脑内电活动的“脑电图”呈现频率较慢的慢波，因此而取名为“慢波睡眠”。后来，科学家们发现，除了上述人们熟悉的睡眠形式以外，还有另一种形式的睡眠，即所谓的“快波睡眼”。在该阶段中，眼球出现快速的、不规则的运动，故又称“快速眼球运动睡眠”，同时呼吸、心率、血压等波动明显，体温升高，代谢旺盛，脑电图呈现频率较快的快波，与清醒时相仿，这时大脑并没有完全休息，仍存在着一定的思维活动，尽管它是片断的和零乱的，但这就为做梦提供了条件，梦就是在此时出现的。整个睡眠周期就是由“慢波→快波→慢波睡眠”反复交替的周期，一般一夜要交替 4 ~ 16 次。如果在快波睡眠期间醒来或被唤醒，就常常感觉在做梦，相反在慢波睡眠期醒来或被唤醒常常没有做梦的感觉。现代科学发现“快波睡眠”是人和某些动物的一种需要，如果反复干扰、剥夺快波睡眠就会产生严重的精神障碍，可见人人都离不开快波睡眠，也就是说人人每夜都做梦，问题是醒来的时间不一样，有的能回忆起来，有的则已经忘却罢了。梦是在大脑皮层较活跃的快波睡眠阶段发生的，这时候大部分向大脑皮层传递外界信息的通路已被切断，而大脑皮层本身却在对白天接受的各种信息以及过去留在脑中的信息进行重新整理加工，故某些在当天接受的信息所留下的痕迹有可能在梦中呈现出来，即“日有所思”偶尔可以“夜有所梦”。但更多的梦并非都是由于“日有所思”，而往往是早期的记忆痕迹的再现，例如有人梦见平时早已遗忘而去世多年的亲友；老年人梦见他的幼年生活等。

由于做梦时大脑皮层处于与外界隔绝状态，大脑皮层必定不能如清醒时那样对梦境作出详细的分析和综合，因此梦境虽然十分清晰，但大多数是不合逻辑的、凌乱不堪的，甚至是荒唐可笑的。倒如：与去世多年的故人促膝谈心；枪弹穿入胸膛毫不疼痛；肋生双翅遨游太空；跋山涉水如履平地……等等。

尽管做梦时大脑皮层与外界的联系大部分都已被切断，但科学家们发现，在快波睡眠时，个别特定的刺激仍然能对皮层的活动产生一定的影响，可以造成特定的梦境。例如，睡眠时被子被踢，两下肢发冷，可能会梦见自己正在深沟中涉水横渡，河水寒冷彻骨，或梦见在严冬的雪地中奔跑。又如，睡者耳旁自来水的滴答声，往往可梦为狂风大雨；苍蝇、蚊子侵扰可梦为白刃刺身；吵闹的铃声在梦中可能变成音乐声、机器声或枪炮声；香水放在鼻旁，梦中可能到了一个百花齐放、芬芳扑鼻的花园中。内脏的刺激也常引起一定的梦境。如睡时手放胸前或其他原因压迫了胸部，呼吸受影响，可能会梦见自己被捆、被绞杀或活埋而喘不过气来。胃肠道与膀胱过度膨胀，某些脏器疾患也同样可以引起噩梦。

人是怎么分辨出男女说话声的?

假如有人在叫门，尽管你没有看见他或她，但已从他或她的说话声音里分出来客是男还是女。男性的声带较宽阔，发出的声音低沉有力；女性的声带短而狭窄，发出的声音清脆而尖细。人们是怎样听出尖细和低沉的声音的呢?

物理学告诉我们，声音是由物体的振动产生的，振动的频率越高，发出的声音就越尖细，我们一般称之为音调高；振动的频率慢，发出的声音就低沉，我们就称之为音调低。男性声带宽阔，说话时振动的频率较低，故音调低，声音低沉；女性声带短而狭窄，说话时振动的频率高，故音调高，声音也就清脆响亮了。

我们是通过耳朵听到声音的。我们平常所说的耳朵是指外耳部分，在颅骨内还有和外耳相连的中耳、内耳两部分，它们三者共同构成一个完整的听觉器官。外耳负责收集大气中的声波；中耳负责将外耳收集到的声波传导到内耳，并且还具有“放大器”样的功能；内耳结构复杂，它能感受中耳传来的经过放大了的声波，产生神经冲动，此神经冲动经听神经传入到大脑，于是就产生了听觉。

内耳中有一根骨质的管子，绕中间的骨轴卷曲两周半，形如蜗牛，我们称之为耳蜗。在这根管子内有二层膜将其分隔成为三个腔，三个腔里都充满液体，其中一层膜称为基底膜，上面生有称为柯蒂氏器的结构，柯蒂氏器才是真正的听觉感受器。从中耳传来的声波使基底膜发生振动，柯蒂氏器也跟着振动，柯蒂氏器上一些特殊的细胞受到刺激被兴奋，于是就产生了神经冲动。

耳蜗顶部和底部基底膜的结构和物质组成有所不同，它们的机械性能如弹性等也不同，所以不同频率的声波引起基底膜振动，最大振幅出现的位置不同。频率高的声波引起的基底膜振动的最大振幅出现在耳蜗底部，该处基底膜柯蒂氏器上的特殊细胞被兴奋产生神经冲动，再沿着特定的听神经传入到大脑皮层的特定区域，于是你就听到了高音调的声音；反之，频率低的声波引起基底膜振动的最大振幅出现在耳蜗顶部，故顶部基底膜上柯蒂氏器产生神经冲动，再沿着特定的听神经传入大脑皮层的特定区域，于是你就听到低沉的声音了。有人做了这样一个有趣的实验：将实验动物耳蜗顶部基底膜损坏，则这只动物就听不到音调低的声音了，但能听见音调高的声音；相反，把实验动物耳蜗底部基底膜损坏，则这只动物只能听到音调低的声音听不到音调高的声音。

为什么要吃新鲜蔬菜？

在农贸市场上，家庭主妇总愿意购买那些刚从菜地摘下不久、色泽鲜艳的新鲜蔬菜，这当然不仅仅是因为新鲜蔬菜的颜色悦目，其中包含着科学道理。

人体每天都需要大量的糖、脂肪、蛋白质，以维持身体的正常活动，这几种物质我们从大米、面粉、肉类等食品中获取，可为什么人还得吃蔬菜呢？蔬菜所含糖、脂肪和蛋白质的数量不高，但含有大量维生素，维生素是身体本身不能合成又是人类生存所必需的营养物质之一。那么，蔬菜中究竟含哪些维生素，它们都有些什么作用呢？

患了“夜盲症”一的人，在光线不足时，视物困难，这样的病人只要进食一些胡萝卜，病情就会好转。这是因为“夜盲症”患者身体内缺乏维生素 A，维生素 A 有三种类型，分别称为视黄醇、视黄醛、视黄酸，它们存在于眼睛中感受光线的细胞之中，外界光线照射到眼睛中之后，通过使这三类物质发生变化而产生神经冲动，神经冲动通过神经传至大脑，大脑就感受到了光线。而胡萝卜中有大量的类胡萝卜素，在身体内转化成维生素A，对于维持正常的视觉功能至关重要。

长时间在海上航行的水手，若不能吃足够的蔬菜，就会患“坏血病”，这是维生素C缺乏的结果。维生素C参与一类称为胶原的物质的合成，而胶原是结缔组织、血管和骨骼的重要成分，维生素C缺乏使胶原量不足，血管容易破裂、骨骼易于折断，“坏血病”就发生了。

还有一种称为叶酸的维生素，参与合成氨基酸（蛋白质的基本单位）和碱基（核酸即基因的基本成分），叶酸不足时，氨基酸和碱基不足，人体就不能产生足够的蛋白质和核酸，细胞的生长和繁殖都会受影响，当影响到血液中的红细胞时，红细胞的质量会下降，导致贫血。低等生物如细菌能够自己产生叶酸，而人就只有靠吃蔬菜来供应叶酸。

另外还有一些维生素，如维生素B1、B2、B6等，都是人体各种功能所必需的，但又不能由人本身来合成，只能靠蔬菜供给。

由此可见，吃蔬菜可给人提供维生素，以维持人的生命活动。蔬菜若放置时间过长或者煮得太久，其中维生素的含量会大大降低，营养价值也就大大下降了。所以，最好尽量吃新鲜蔬菜。

癌症是不治之症吗？

在大多数人的眼里，癌症简直是死亡的代名词，一旦被诊断为癌症，就像被宣判了死刑，因此，人们谈癌色变。更有意思的是，在美国有人做了一次民意调查，发现美国人害怕癌症更甚于害怕战争。根据1976年世界卫生组织的统计，全世界40亿人口中，每年死于癌症的人约在5000万左右，相当于每秒钟就有1人死于癌症。在我国，每年因恶性肿瘤死亡者约70万人，尤其是青壮年，占癌症死亡人数的一半以上。癌症已成为5岁以上人群三大主要死亡原因之一（其余两个分别是心血管疾病和意外事故）。

可见癌症已成为严重危害人民健康的常见病，多发病，给人类造成了巨大损失。那么小朋友们一定会问，癌症究竟是怎么一回事呢？人类对癌症真的束手无策吗？

癌症在医学上是指人体组织的恶性肿瘤，它的英文名字是 Carcinoma，由拉丁语“Karkinos”一词演变而来，它的最初含意是“螃蟹”，与汉字癌一样，形象地描绘出恶性肿瘤凹凸不平，张牙舞爪的形态。

为什么有的人会患肿瘤，而有的人则不呢？现在人们已经逐渐弄清楚，引起肿瘤的原因很多，但归结起来可分为两大类，一类是来自人体以外的自然环境和生活习惯，如物理、化学、生物致癌因素；另一类来自人体的内部，与机体结构与机能的改变有关，包括遗传基因、激素和免疫的改变。这两类因素相互作用诱发肿瘤。现在大多数科学家认为，人体在正常情况下就存在癌的种子，称“癌基因”。通常，癌基因是沉睡的，不生成肿瘤组织，但在某些因素，如上面所述的各种致癌因素的作用下，癌基因便会被唤醒，生产出某些特殊的蛋白质，扰乱了人体细胞的正常生长，细胞无限度繁殖，生长，蔓延，变成肿瘤组织，最终破坏人体的正常组织结构和功能，导致死亡。

癌症的病因和发病机理目前还不十分清楚，因此还缺乏特效的治疗手段。大多数癌症的治愈率很低，但这并不等于癌症是不治之症。就现有的医疗水平，癌症治疗的关键在于早期发现、早期诊断、早期治疗。若能做到这三点，不少癌症病人能够存活二十年以上，有的甚至可以终生不复发。此外，有些癌症未经任何治疗，就可依靠自身的抵抗力使其不再继续发展而自行消退。可以相信，随着人类对癌症发病机理的不断深入了解，掌握更多更好的诊断治疗方法，总有一天癌症这个顽疾会被攻克的。

人为什么会衰老？

人为什么会衰老？这是全世界的医学家们都在探索着的问题。从古到今，这个问题吸引着千千万万的人去寻找延年益寿的灵丹妙药，就是在科学发展的今天，衰老仍然是个谜。尽管如此，科学家们已经发现了一些重要线索，为人类揭开衰老之谜打下了基础。新陈代谢是生命活动最基本的特征。人们很早就认识到，衰老与新陈代谢有着密切的关系。生活在寒冷地区的人，其平均寿命远远高于生活在热带的人，因为在寒冷的情况下，人体的新陈代谢率大大降低。有人发现章鱼的眼后有一对腺体，摘除这对腺体，章鱼的寿命可以明显延长。因此有人提出人体是否也有这种腺体，它的分泌能促进人的衰老。从这种角度上说，甲状腺是一个值得注意的腺体，因为甲状腺分泌的甲状腺素促进人体的新陈代谢，而甲状腺在人的衰老中究竟起什么作用，这是科学家们正在研究的问题。

衰老有着明显的遗传倾向，这是科学家注意到的另一个问题。世界上的长寿人都有显著的家族倾向。因此有人提出：衰老可能是受基因控制的，遗传的特性可能决定着衰老的速度。一般说来，世界上女性的平均寿命都较男性长，这可能就与女性有两个 X 染色体，而男性只有一个有关。

衰老还与生活环境与饮食习惯等有密切的关系。人体的细胞成分始终处在不断更新的状态，如果这种更新发生障碍，细胞就会衰老死亡。在细胞的成分中，蛋白质是最为重要的。如果环境或饮食中的有害因素致使细胞在 DNA－MRNA－蛋白质的转化过程发生障碍或突变，就会产生蛋白质的合成障碍，促进衰老的发生。

近年来，科学家们发现人体中的自由基与衰老也有关系。这种自由基是一组氧化能力很强的基因，这种基因随年龄的增长在体内的浓度逐渐升高。这种基因可以损害 DNA 链，可以损害细胞膜，还可以阻碍蛋白质的合成。因此，自由基被认为是一种促衰老的因子。由于维生素 E 具有清除自由基的作用，很多医生都认为它能延缓衰老。

由于生命现象的复杂性和微妙性，目前人们对衰老的研究仍徘徊在它的外周而未能深入。随着科学的发展，相信总有一天，科学家们会揭开衰老之谜。

维生素是不可或缺的营养物质吗？

现在人们已知道维生素和糖、蛋白质、脂肪一样是维持人体正常生命活动所必需的营养物质，但在20世纪以前，人们还没有意识到每天需要适量的维生素，因而在生活中造成了许许多多悲剧，较著名的例子是17世纪一篇航海日记的描述：“有些人完全丧失了力量……，更有许多人皮肤上布满了点状的紫色血斑，逐渐影响到肘、膝、股、肩、臂及颈部，他们口有臭味，牙龈发红、剥落，甚至牙根也暴露于外……”这些是维生素C缺乏的生动描述。自从发现了维生素及它们重要的生理功能，特别是上世纪20年代以来，生物化学家们已发现、分离和纯化了13种为人体所必需的维生素以后，类似的悲惨景象再也看不到了。

根据维生素的物理特性，大体上可划分为两大类：一类是水溶性维生素，包括维生素C、尼克酸、生物素、叶酸、遍多酸、硫胺素（B1）、核黄素（B2）、维生素B6、钴胺素（B12）；另一类是脂溶性维生素，它们是维生素A、D、E、K。这些维生素参与了人体几乎所有的重要生命活动，是维持细胞正常新陈代谢所必需的有机化合物，如尼克酸、维生素B2及B6在葡萄糖氧化功能中具有重要作用；叶酸是合成遗传分子DNA所必需的辅助因子；维生素D是维持人体正常骨骼生长发育的主要物质，等等。类似的例子很多，可以说没有维生素，细胞的生命活动就不能正常进行。

缺乏维生素会引起许多疾病，如维生素B，缺乏时会引起脚气病；维生素A不足时将产生夜盲症；缺乏叶酸或维生素B12时将导致贫血；维生素D摄入不足可致佝偻病，等等。对患有维生素缺乏症的病人最有效的治疗就是给病人补充所缺的维生素，从这一点说，维生素又是一种神奇的药物。不过，由于人体对维生素需要量极少，一般食物中又含有丰富的维生素，因此现在维生素缺乏症已不多见。

献血对人体有害吗？

大家知道，输血能够挽救许多病人的生命，如大量失血的病人、严重贫血及手术的病人都需要输血。这些血来自于大量的健康献血者。社会上经常流传着：“献血大伤元气”，“献血后早白头”等说法，使得许多人一听到献血就像谈虎色变一样。其实，这些“传说”都是不科学的。小量献血是不会伤身体的。

正常人血液总量约为体重的7%～8%，即每千克体重约有70～80毫升血液，体重60千克，约有4200～4800毫升血液。安静状态下，大部分血液都在心血管中流动，这是循环血量。另外一部分血在肝脏、肺、腹腔静脉及皮下静脉丛等处缓慢流动，这部分血称为贮存血量，肝、肺等器官就叫贮血库。人的血量是相对恒定的，这种相对稳定性对人体有重要意义，它可以维持正常血压，保证人体正常活动。如果血量过少，会出现血压下降、组织血流量下降，由此出现氧及养分缺乏、代谢废物堆积而影响细胞的正常功能。相反，如果血容量过多，会增加心脏负担，严重时可导致心力衰竭。因此，血容量的相对恒定是维持正常机体生命活动的必要条件之一。

失血对人体的影响与失血的量及失血的速度有关。如果失血量小于总血量的10%时，机体将通过我们称之为“代偿反应”的变化来维持血压恒定，保证机体正常活动。机体失血后，首先会出现心脏活动加强，部分血管收缩，随后贮血库也“挤”出自己的一部分血来增加循环量。血浆内的水及电解质在失血后的1～2小时内由组织液渗入血管而得到补充，同时肝脏会加强蛋白质合成，大约在1天左右血浆内蛋白质的量就可以恢复了。失血后骨髓生成及释放红细胞的量和速度也会增加，一般1个月左右红细胞就可以恢复到失血前水平。但是如果失血量很大，超过20%时，机体的这些代偿机能就不能维持正常血压了，如果失血量超过30%就可能危及生命。

根据这些道理规定健康人一次献血200毫升，这远未达到10%，不会影响血压。况且人体内血液也有新陈代谢，每天都有大量的血细胞衰老、死亡，同时又有许多细胞再生、成熟，因此，小量献血绝不会影响健康。

当然，有的人献血中可能出现头晕、心慌等不适感觉，这一方面与精神紧张有关，另一方面可能因献血前不能进食而出现了轻微低血糖反应。这些都不要紧，只要安静休息一会儿，喝些饮料，吃些东西，这些不适反应很快就会消失的。献血后也应该适当加强营养，以利机体迅速恢复。

为什么钱俗称“孔方兄”？

中国古代的铜钱中间都有一个方孔。早在晋朝时，有个名叫鲁褒的人写过一篇《钱神论》，抨击当时社会上崇拜货币，钱能通神的风气。其中写道：“亲爱如兄，字曰孔方，失之则贫穷，得之则富强。”从此，钱就一直被戏称为“孔方兄”，流传至今。

铜钱中有方孔，这是中国古代特有的货币文化现象。一般认为，中国古代金属铸币始于春秋战国时期。当时的铜铸币大多是生产工具的模仿物，因为当时商品交换的主要物品就是生产工具，所以生产工具成为一般等价物。当时齐鲁等国采用象征刀具的刀币，中原的一些国家采用模仿铲状工具的布币，晋国和秦国则流行模仿纺轮的圜钱。纺轮是古代人民随身携带的纺线的工具，是一个陶制的圆片，中央开一个小孔，从小孔上方絮入纤维，缚住小孔下的纺坠，转动纺坠，同时迅速向上提起纺轮，就能利用惯性将纤维捻成线。起初，圜钱仍保留着中间的小圆孔。秦始皇统一币制后，将圆孔钱改为方孔钱。究其原因，有人以为是古人相信“天圆地方”的宇宙观而成，也有人认为是因为秦始皇迷信方士所致。另一种意见认为，古代铜钱采用浇铸方法制成，一次可浇铸成百上千枚，铸成的铜钱要打磨边廓、锉去浇口，一枚一枚打磨很费时，人们就利用铜钱中已无实际作用的小孔，把圆孔改成方孔，用方木棍把几十个铜钱串在一起进行修整，又快又好。这样就形成了方孔圜钱。

方孔圜钱便于够整，比其他铜币更容易生产。另外，圜钱易于保存，不易折断。中国古代铜币币值较低，交换贸易动辄成百上千，铜钱的方孔可供人们用绳索把钱串为一串，以 1 贯（1000 文）为单位交易。这样方孔圜钱很快得到普及。秦始皇统一全国后，下达法令，规定统一行使秦国的方孔圜钱，从此这种圜钱就成为标准的样式了。

铜钱上的方孔虽然起于制造工艺的需要，然而它同时又符合了中国传统文化追求对称、均匀的审美要求。铜钱中的方孔正好将钱面分割成 4 个相同的部分，当铭文为两个字时，就形成轴对称的图形，如秦代的“半两”钱，汉代的“五铢”钱。当铭文为四个字时，正好各占一边，形成中心对称图形，如唐“开元通宝”钱、宋“太平通宝”钱等。另外，有些儒士将外圆内方的铜钱式样附会“天圆地方”的学说，更使得这种形制牢不可破，长久流传，直到近代才被废除。

为什么中外厨师都戴白帽？

头戴高筒白帽的大胖子，是世界各国“统一”的厨师形象。关于这顶白帽子的起源真可谓是众说纷纭。

一种说法是：欧洲中世纪时的希腊，有一次发生动乱，有些人逃到了修道院，借助修道院的避难权来渡过这一危机。这些人中有不少著名厨师，在修道院避难时，帮助修道士们烹调饮食。虽然他们也穿修道士的服装，但不喜欢修道士们戴的黑色高帽，为了表明俗家身份，厨师们就用白布制成高筒帽。动乱过后，这些厨师回到城市餐馆，仍旧戴着白帽子以纪念这一段经历。这样就形成了厨师戴白帽的习俗。以后这一习俗逐步向欧洲各国扩散，在近代又传遍了世界，使白帽子成为厨师的象征。

厨　师

还有一种说法则在时间、地点、契机上都与上面说法不同。法国厨师坚信，这一习俗起源于法国，是18世纪时法国的一位著名厨师安托万・克莱姆的伟大发明。据说这位安托万・克莱姆在一次夜间营业时，发现有一位顾客头上戴着一顶与众不同的白色高筒帽，十分惹人注目。安托万·克莱姆从中得到启发，自己也做了一顶白色高筒无檐帽在上班时使用，表明自己名厨的身份。其他饭店的名厨也纷纷仿效，最后，白帽子就成为厨师们通用的装饰物了。

虽然很难确切指出哪一种说法正确，但有一点是可以肯定的，那就是厨师戴白帽子是随着人们讲究卫生习惯，厨师不再是宫廷及贵族庄园的侍从，而是自由职业者的时代的到来而流行起来的。就这一点而言，这一习俗可能确实起源于近代法国。因为法国是欧洲的美食中心，厨师很早就成为一种相当“吃香”的自由职业。虽然是否确实由安托万·克莱姆发明白帽子这一点很难证实，但是世界上只有法国厨师才以白帽子的高低来表示厨师的技术水平与工龄。有些技术高超、资历长久的厨师长的帽子高达35厘米，“大帽子”已成为著名厨师的又一称号。

厨师戴白帽的优点很多，比如它能够包裹住厨师的头发，不至于被油烟熏臭、熏脏，同时也能防止头发上的皮屑灰尘污染食品。白帽子与白服装配套，容易发现污斑，提醒人们及时清洗，并给人以清洁干净的感觉。因此这一习俗能够流行于各国，成为各国厨师的通例。

牛仔裤是怎么风靡全球的？

1976年秋天，第39届美利坚合众国总统的竞选已进入白热化阶段，富有戏剧性的场面是民主党候选人詹姆士·厄尔·卡特穿着一条牛仔裤出现在公众面前，那几颗装在腰部和臀部上的铜钉铁扣，从电视荧屏上看起来格外耀眼夺目，恰好与衣冠楚楚西装笔挺的在职总统福特的形象构成鲜明的对照。卡特如此穿着是为了加强他“是属于人民的人”的形象，因为当时牛仔裤正成为美国社会的时尚，结果卡特大获成功，成为新一任的白宫主人。

给卡特带来幸运的牛仔裤其实并非由美国西部的牛仔所发明，也不是因为他们喜欢穿着而著名。1850年时，正值美国淘金热方兴未艾，许多人离乡背井来到西部地区寻找发财的机会。一个名叫勒维·斯特劳斯的德国移民经过长途跋涉，来到淘金者的必经之路——旧金山，开了家经营帐篷布的店铺。可是，布店生意冷冷清清，无人问津，于是斯特劳斯改变主意，决定把仓库里的帐篷布全部做成裤子出售。用这种布做的裤子结实耐穿，深受淘金者的喜爱，大家纷纷前来购买，原先门可罗雀的店铺一下子门庭若市。随着生意的兴隆，斯特劳斯又把他哥哥叫来合伙。接着，一个名叫雅克·诺伯的人给他俩写信，自称他能使他们做的裤子锦上添花，这就是在裤子的腰部和臀部钉上几颗铜扣。斯特劳斯兄弟立即花钱买下这个小发明的专利。也许是这一别具一格的小装饰使其与普通的工装裤区别开来，也许淘金者相信那几颗金光熠熠的小扣儿会带来好运气，牛仔裤的销路因此激增，而且逐渐流行到其他阶层。

但是，牛仔裤真正成为一种时尚，却是在它问世100年以后，这依赖于美国人崇拜明星的心态。20世纪50年代，著名影星詹姆斯·迪安和马龙·白兰度穿着这种裤子主演了《伊甸园的东方》和《野种》两部影片后，它迅即成为青年人的时髦穿着。到了60年代，牛仔裤又进一步成为区别人们政治观点的标志。反对越南战争和提倡妇女解放的人都喜欢穿着这种裤子上街游行，裤管口破旧不堪，最好还带有丝缕，是这个标志的特殊印记。为了迎合这些人的胃口，牛仔裤生产商们想方设法地把裤料搞脏搞旧以后再做成裤子出售，包括放在石头上搓洗或用坚硬的刷子洗刷，直到蓝色的布料泛白。

到了70年代，牛仔裤的政治色彩基本消失，那些保守的会计师、大学教授、名门显贵和政界人物也都竞相穿起了牛仔裤。风潮也向着世界蔓延，从英国公主、约旦国王到法国总统，许多头面人物都穿起了牛仔裤，当然，它的主力军仍旧是青年人。

为什么中国菜系甚多？

中国菜是举世公认的美味佳肴，其选料之讲究、加工之精细、烹调之合理、口味之鲜美在全球各民族美食中首屈一指。而且，中国菜系众多，一般分为京菜、鲁菜、徽菜、川菜、湘菜、粤菜、闽菜、苏菜等八大菜系。

各菜系之下又可细分出很多支系，如苏菜就有淮扬、苏锡、南京等支系；徽菜分为皖南、沿江、沿淮等支系；粤菜分为广州、潮州、东江等支系，诸如此类，全国总计有成百上千。各菜系及地方菜种在选料搭配、烹调手法、口味调料上各有千秋。如京菜讲究刀法，造型美观，选料广泛，以烤、爆、炸、溜、炒为主；川菜以小煎、小炒、干烧、干煸见长，口味上重麻、辣、酸、香；广东菜善变，讲究鲜、嫩、爽、滑，擅长爆、炒；苏菜则以炖、焖、蒸、烧、炒见长，以清鲜滑嫩口味著称。总之，各种风味菜无不色、香、味、形俱全，嫩、脆、酥、软各宜，洋洋大观，美不胜收。

为什么中国有这么多菜系及地方菜种类？这首先是由于中国地大物博，各种食物资源极为丰富，为菜肴发展提供了物质基础。以蔬菜而言，中国从南到北，气候不一、地理条件不同，蔬菜种类有上百种。肉食资源上，除了猪、牛、羊等家畜外，南北方水域有着种类丰富的淡水鱼、咸水鱼，山林原野有各种野味山珍。此外还有各种菌类、蚌类等。不同地区各有其土特产，很自然就形成了特有的烹调方法与口味。

出现这么多菜系也是中国文化的传统特点。中国文化自古即强调“民以食为天”，饮食一直是中国文化的重要内涵。先秦诸子在其政论中也经常以饮食为例，如老子的“治大国若烹小鲜”，孟子的“熊掌与鱼不可兼得”之喻等。历代官僚、富豪、士大夫皆以烹调美食为乐事。孔子号称“食不厌精、脍不厌细”；宋代大诗人苏轼还曾发明“东坡肉”。这种文化价值取向，推动着烹调技艺不断发展创新，使菜谱愈加丰富，特色更为明显。

中国菜肴丰富的菜系、菜种也是各族、各地人民长期探索，交流烹调技艺的成果。中华民族在很早就掌握了多种烹制食品的方法，除了世界各民族普遍都具有的烤、煮方法外，中华民族的祖先还首先掌握并发展了蒸、炒的烹制技术，对食品按其性质进行合理、有效的烹制，以充分显示各地特产食品的风味。

各种地方口味要求也是形成众多菜系的重要原因。如四川、两湖暑热闷湿，当地人民为了驱湿去邪，发汗通气，喜食辣椒，形成了川、湘菜特有的重辣风味。而闽广沿海地区四时常夏，鲜菜鲜果常年供应，因而闽菜、粤菜讲究鲜嫩，口味清淡。明清两代建都北京，朝廷官场讲究排场，因而京菜讲究刀法、造形。北方食品原料不如南方丰富，四方运送到京师的食品时有变质变味之虞，因此京菜口味较重。

总之，中国的众多菜系及地方菜种有着悠久的历史，是中华民族传统文化的丰富宝库，值得我们珍惜，并发扬光大。

吃西餐需要注意哪些礼仪？

清朝光绪某年的岁末，济济一堂的高官贵胄齐聚在紫禁城瀛秀门内由仪鸾殿改建的海宴堂上，观看一批由总理各国事务衙门派来的年轻“通事”（即翻译）为他们“演礼”。这不是祭孔的预习，也非郊祀的排练，而是为了吃一顿饭。原来，几天后各国驻京使节要带着他们的夫人入觐太后和皇上，皇上降旨说要在海宴堂用西餐招待来宾。因中华素有礼仪之邦的美誉，总理各国事务衙门怕这批应邀陪同赴宴的朝政大员因不谙西方进餐礼仪而闹出笑话，所以特别安排了这一堂课程。事后证明，效果很好。

80多年过去了，现在，吃西餐已不是什么稀罕事，但是仍有许多青年朋友对之不甚了解。那么，吃西餐有哪些礼仪呢？

首先，入席时切不可抢在妇女、地位高和年长者的前面。就座前如遇见同座其他的客人应热情问候握手，请其一起坐下，若对方是女性，还要主动为其挪动椅子；女性遇到男子在这方面给予帮助时，可毫不客气地接受，但坐下后应对其表示谢意。就座的基本原则是“客随主便”，主人请坐哪儿就坐哪儿。就座后姿态要大方端庄，跷二郎腿是最忌讳的。

用餐也有规矩。坐定后先将餐巾放在膝上，它的作用是保护衣服和偶尔擦手。右手拿刀或匙，左手拿叉。刀用来切肉、鱼和其他大块的东西，但绝对不能用来切面包。面包不能整块拿起放在嘴上咬，而是用手掰成小块吃。喝汤时一手扶碗一手持匙，连汤碗端起来直接用嘴喝就算是“犯规”了。吃面条时要先切成短条，用嘴吸入长条或半条在嘴里半条在口外拖着，只能说是“西餐中吃”。当服务员捧上大盘菜来让客人自取时，应用盘中的公用叉取靠近自己的一角，长时间挑拣或把菜搅得乱七八糟都是失礼的表现。如没有服务员，需要客人自己传递时，接盘时应向对方致谢。用餐时嘴里不应发出嚼、吸的响声，也不能让餐具相碰发出声响。用嘴去舐手指或餐具会被别人笑话，骨头果皮之类则应放在盘内。如要剔牙，应用餐巾或左手捂住嘴，右手拿牙签剔。

西餐酒杯的用法颇有讲究。喝果汁和汽水等不含酒精的饮料用长身平底杯，大的高脚杯用于喝红葡萄酒，小的高脚杯用于喝白葡萄酒。有一种小口的高脚酒杯是专用来喝香槟酒的，这种特殊的设计是为了减少气泡外溢。形式多样的鸡尾酒杯之共同特点是无色透明，最普通的是V形高脚杯。喝不加水的烈性酒时，用小酒杯。吃冰淇淋时则用浅底敞口杯。西餐饮酒礼仪一般分餐前酒（各种混合酒和开胃酒）、餐间酒（以红、白葡萄酒和香槟酒居多）和餐后酒（威士忌、白兰地等）。主人敬酒时先倒少许在自己杯中一饮而尽，接着按顺序依次给来宾倒酒，最后也给自己倒一杯。倒完酒后，举杯致词祝酒，席间主客之间或客人之间亦可相互祝酒。强劝他人多饮的风气在这儿是不提倡的。

分摆在餐桌上菜碟两侧的刀叉副数说明了要上几道菜，吃菜时从外往里逐副使用。左手拿叉按住食品，右手用刀将其切成小块，吃一块切一块。往嘴里送时，则只能用叉子。吃鱼、吃面包涂黄油或果酱，以及吃水果和甜点心时，都有专用的刀叉，不可用错。用餐暂停时可把刀叉交叉地放在食盘上，叉子放在刀子上，叉把朝下，刀刃则向左。刀叉并排放在一起，是已经吃完的表示。餐毕离开餐桌时要轻轻挪开椅子，对同桌的人说几句告别的话。如旁边是一位女性，还应主动帮她挪开椅子。

为什么欧美人爱嚼口香糖？

美国纽约市的地下铁道以脏乱而闻名于世。在这个地下铁道部门的雇员中，有一位专职在中心站台上清除口香糖残胶的职工。这个工作虽然奇特，但并不轻松，他每天要清除7磅左右的残胶，周末更高达14磅。欧美很多商业、公交部门也都有类似的专职员工。

口香糖，有时译作胶姆糖，在中国一般称泡泡糖，供小朋友咀嚼吹泡泡玩。而欧美国家，尤其是美国人无论男女老少都喜欢咀嚼口香糖。在体育比赛中，观众、运动员都是嘴巴不停，大嚼口香糖。1976 年蒙特利尔奥运会上，美国摔跤运动员罗伊克尔·法里纳怎么也不能使体重符合级别，只有当他吐出嘴里的口香糖时，超重的指示灯才熄灭了。

人类在平时咀嚼一些东西，以消除孤独感、锻炼咀嚼功能、健齿保腭、解除紧张、发泄恼怒，这种咀嚼习俗由来已久。东南亚以及我国岭南一带的人民，自古就喜欢咀嚼槟榔，他们这一做法还有特别的作用。这些民族以牙齿黑亮为美，而长期咀嚼槟榔能使牙齿染成黑色。欧洲人很早就喜欢咀嚼石蜡。但专供咀嚼的口香糖却是近代的产物，嚼口香糖的习俗也仅 100 多年。1836 年发生的美国与墨西哥的战争中，有一个墨西哥将军在贾森托战役中被俘。战后这位将军凭被俘时与美国人的交情，转行搞起了商业。他发现墨西哥的印第安人喜欢咀嚼一种人心果树流出的树胶，他就将树胶带到美国，试图用以代替橡胶，可惜未获成功。他的合伙人美国人托马斯·亚当斯将这种树胶搓成小球，在药店寄售，供人咀嚼，卖 1 便士 1 块，不料销路很好。于是亚当斯就为这种树胶球起名：亚当斯的纽约橡皮糖——又响又绵。现代胶姆糖就这样产生了。

胶姆糖在 1875 年成为真正的口香糖，生产者在胶姆糖中加入了芳香剂。不久，一个卖爆玉米花的小贩威廉·杰·怀特偶尔将玉米糖浆加入了口香糖，大受欢迎，从此就出现了加味 13 香糖。第二次世界大战时，口香糖是欧美盟军士兵的最基本的供应品，士兵们用它消除紧张、滋润喉咙，甚至修补车胎、填补油箱漏洞。而当时口香糖的原料仍然是原产于中南美的树胶，这种树要有 70 年以上的树龄才能割胶，而且只能 5 年割 1 次。口香糖商只得改用合成树脂。到今天，出售的口香糖大多是以聚乙烯醋酸酯为原料的。

咀嚼口香糖有利于保护牙齿，保持口腔卫生，锻炼腭部的肌肉骨骼，对于青少年尤其适宜。但残渣不能乱吐乱扔，否则会污染环境、传播疾病，应该用包糖纸把残胶包好扔在垃圾箱里。